新视界文库

NEW HORIZON LIBRARY

LIGHT YEARS

THE EXTRAORDINARY STORY OF
MANKIND'S FASCINATION WITH LIGHT

光之史话

探索人类对光的持久迷恋

[英] 布莱恩·克莱格 著
郑建川 译

世界图书出版公司
北京·广州·上海·西安

图书在版编目（CIP）数据

光之史话：探索人类对光的持久迷恋 /（英）布莱恩·克莱格著；郑建川译 .—北京：世界图书出版有限公司北京分公司，2023.9
ISBN 978-7-5232-0402-3

Ⅰ .①光… Ⅱ .①布… ②郑… Ⅲ .①光学—物理学史—世界 Ⅳ .① O43-091

中国国家版本馆 CIP 数据核字（2023）第 080973 号

书　　名　光之史话：探索人类对光的持久迷恋
GUANG ZHI SHIHUA

著　　者　[英] 布莱恩·克莱格
译　　者　郑建川
责任编辑　程　曦
责任校对　尹天怡　李　博

出版发行　世界图书出版有限公司北京分公司
地　　址　北京市东城区朝内大街 137 号
邮　　编　100010
电　　话　010-64038355（发行）　64033507（总编室）
网　　址　http://www.wpcbj.com.cn
邮　　箱　wpcbjst@vip.163.com
销　　售　新华书店
印　　刷　中煤（北京）印务有限公司
开　　本　880mm × 1230mm　1/32
印　　张　9.75
字　　数　220 千字
版　　次　2023 年 9 月第 1 版
印　　次　2023 年 9 月第 1 次印刷
版权登记　01-2019-5773
国际书号　ISBN 978-7-5232-0402-3
定　　价　52.00 元

目 录

CONTENTS

序 001

第 1 章 光速 003

第 2 章 哲学家 013

第 3 章 冲出黑暗 031

第 4 章 光学设备 057

第 5 章 看得更远 081

第 6 章 解剖光 115

第 7 章 以太之死 145

第 8 章 可怕的对称 183

第 9 章 量子电动力学 209

第 10 章 光的量子纠缠 237

第 11 章 老虎！老虎！ 251

历史文献选读 268

论颜色和光 269

致德国公主的信 281

关于光线振动的思考 284
发现者法拉第 290
论以太 296
论新型射线 298

延伸阅读 303
致谢 307

序

上帝说
“要有光”，
于是，就有了光。

创世记 1:3

光是我们司空见惯、认为理所当然的东西。现实生活中，我们只要按下电源开关，就能得到光。光也是太阳每天赐予我们的礼物，它让黑暗消失。在学校里，光学知识是物理课程中的一小部分，我们学习光线图和几何光学，认识到光是一种没有实体的自然现象。然而，光的本质并不容易理解，它是脆弱的，也是经久不衰的；是精致的，也是力量无穷的，一代又一代的科学家沉迷于揭开光的本质，对光充满无限遐想。

几千年来，揭开光的本质是一个极度诱人的挑战。这样的科学探索远至古希腊人的猜想，近至20世纪的天才阿尔伯特·爱因斯坦（Albert Einstein）和理查德·费曼（Richard Feynman）的研究，挑战永不止步。把光的探索历史和最新的研究结合起来，我们能编织一幅完整的画卷，泼墨这一神奇的现象，勾勒其创造万物的中心地位。

人们最初认为光仅仅是一种视觉机制，后来证明远非如此。它是地球万物的生命之源，给万物提供温暖，为天气提供动力，引起光合作用产生氧气。在爱因斯坦狭义相对论的背后，是电磁相互作用，而光是电磁波。光是把所有物质联系在一起的基本黏合剂，甚至可能是通向时间的必由之路。

回顾那些揭开了光的奥秘的非凡人物的生活和工作，我们会发现，他们不仅给我们解释了光的特性，而且，进入21世纪，举世瞩目的基于光的新技术层出不穷，他们给我们提供了这些技术发展的第一手资料。有了这些技术，我们的生活会有天翻地覆的变化。

我在大学学习物理的时候，被光的力量和美丽所折服。然而，当时我读了许多关于这个神奇主题的书后，感觉枯燥无味。因为你只要看到光学图中的光路、透镜和焦点等，就会哈欠连天。现在回到光本身，我发现它是如此美妙，因此这是一次重新点燃我30年前惊奇和喜悦的机会。这种奇妙的感觉就是这本书要表达的全部内容。

第1章 光速

透过玻璃，我们只能看到一片模糊。

——圣保罗

想象这样一个早晨，阳光慢慢照进房间，你起床拉开窗帘，看到窗外火山爆发，空气混浊，炽热的火山岩浆从山上滚滚流下，窗边灰尘如雨飘下。你却什么也听不到，什么也感觉不到。

你迅速走到第二个窗口，拉开窗帘，窗外天空黑沉，甚至比你常见的夜空还要黑，群星清晰可见。你面前是一片崎岖、近乎白色的平原，四周是高耸入云的山峰。突然，你的目光被一个蓝绿色、其间夹杂着白色条纹的明亮圆球吸引住了，它在黑暗中特别显眼。它就是你在月球表面看到的地球。

或许是为了呼吸窗外的空气，你忐忑不安地打开窗户，却突然感到一阵眩晕。因为窗子外面是铅灰色的天空，房间位于25层，下面是熙熙攘攘的城市街道。你刚才透过窗户所看到的一切都不复存在，没有火山，没有月景，没有星星。

神奇的隧道

再次关上窗户，地球依然在天空中平静地运行。似乎透过玻璃窗户并不能看到房间的外面，而是打开了一条通向月球表面的神奇隧道。窗户上没有视频显示器或其他电子设备，只有一面特殊玻璃。这是20世纪70年代极具想象力的作家鲍勃·肖（Bob Shaw）构想出的“慢透光玻璃”，一种光需要几个月甚至几年才能穿过的特殊玻璃。

有了这种特殊的玻璃，我们就能在拥有美景的地方建造一扇神奇的窗户。如果光从玻璃的一面到达另一面需要一年的时间，那么窗户安装好一年之后，窗户另一边的风景才会到达这边。也就是说在玻璃外面发生的一切都要用一年的时间穿透玻璃，之后才会被里面看到。如果你在独特的地方预先设置一个玻璃窗户，然后把它移到室内，它承载的光会在这个玻璃材料中慢慢流淌一年。

极限速度

直到20世纪90年代末，由于科技的发展，人类才有能力造出慢透光玻璃，让想象变成了现实。本章描绘的发现已然证明了新的光技术的非凡力量。接下来，我们将穿越到两千五百年前，开始跟随先贤不断揭开光的本质。在这个过程中，光的极大速度是一个反复出现的概念。因此，光在慢透光玻璃中的速度极其特殊。

光在真空中的传播速度是每秒30万千米，在现实生活中我们难以体验这么大的速度。例如，蜂鸟每分钟扇动4200次翅膀，人眼几乎无法分辨每次扇动。然而，仅需蜂鸟轻轻扇动一下翅膀的时间，就已经足够一束光穿过大西洋了。又如，1969年7月20日，“阿波罗11号”飞船经过4天的旅程后登上了月球。如果“阿波罗11号”是前往离太阳系最近的恒星——半人马座阿尔法星，那么1000年后它还在太空中飞行，而光到达那里只需要4年的时间。

光在玻璃中的运动速度比在太空中要慢一些，但一年也能穿透50万亿（5后面12个0）千米厚的玻璃。这给制造慢透光玻璃带来巨大的挑战，必须有一种方法来给光“刹车”，将其速度降低为原本的$1/10^{18}$，甚至降低更多。尽管这听起来不太可能，但20世纪90年代末科学家发明的一种材料就可以做到这一点。

爱因斯坦奇异物质

对光有惊人的“刹车”效果的物质是一种叫作玻色-爱因斯坦凝聚的奇异物质（物理学家必须有给新生事物想时髦的名字的能力，比如“光子”和“夸克”）。我们熟悉的物质有三种形态：固态、液态和气态。自20世纪20年代以来，人们已经知道了物质有第四种形态——等离子体，它们产生于太阳剧烈的“核熔炉”中，是气体的下一个阶段。在这个阶段中，原子的外层电子被剥离，形成离子（失去电子的原子）和电子的混合物，这就是等离子体。

物质的固态、液态、气态和等离子体四种形态，与两千多年前的物质构成理论惊人地相似。古希腊哲学家恩培多克勒（Empedocles）认为，一切物质都是由土、水、气、火四种元素组成的，每一种元素都对应现代的一种物质形态。也有一些先哲认为应该还有第五种元素，即构成诸天的物质，叫作“精髓”。这和后来爱因斯坦设想的第五物质态相符。第五元素的这个设想可以追溯到20世纪20年代，当时年轻的印度物理学家萨特延德拉·玻色（Satyendra Bose）写信给世界闻名的科学家爱因斯坦。爱因斯坦收到过许多梦想成为科学家的人的来信，但这一封却引起了他的注意，因为玻色在信中阐述了他对于光的全新描述方法。

爱因斯坦的理论认为，光有粒子属性，称为光子。光子是一种很小的虚构粒子，它们像从枪里射出的子弹一样在空间中穿梭。玻色尝试用气体粒子行为进行类比，用数学的方法来描述光子的集体行为。收到来信后，爱因斯坦在帮玻色完善数学计算的同时也受到启发，思索物质第五态。爱因斯坦相信，如果物质强烈冷却或给它施加极端压力，那么，最终它会具有光的某些特性，而不再是一种普通物质。物质的这种状态就是玻色–爱因斯坦凝聚，它是制造慢透光玻璃的基础。

玻色–爱因斯坦凝聚理论提出近八十年后，丹麦科学家莱娜·韦斯特高·豪（Lene Vestergaard Hau）——历史上少有的几个研究光的女性之一，利用玻色-爱因斯坦凝聚对光进行了降速。1998年，豪的团队设计了一个实验，用两束激光轰击了一个装有钠原子的容器中心，这些钠原子经过冷却后形成了玻色–爱因斯坦凝聚态。通常情况下，凝聚态是完全不透明的，但第二束激光沿着第一束激光的路径在凝聚态中穿越时，激光的速度被大大降低了。实验测量到的光速为每秒17米左右，比正常光速慢了2000万倍。接下来的一年时间里，豪和她的团队在哈佛大学罗兰研究所里，已经把光速降低到每秒1米以下。接下来我们会发现，后面的科学家还在实验中得到了更低的光速。

至此，豪制造的材料还不是慢透光玻璃，要制成它还有一个难题需要攻克。假设你有一块1厘米厚的特殊玻璃，光需要一年才能穿透。如果你正面看玻璃，你期望看到的美景就会呈现在你面前。但是，如果你往玻璃的边缘看，情况就不一样了，这时光线偏转了一个角度，因此光要在玻璃中穿透更多的行程才能到达你的眼睛。光要穿透更远的距离，所花的时间就要更多。这种光程差在普通玻璃窗户中体现得并不明显，但是在慢透光玻璃中，斜射的光比直射的光要多花几个月才能穿透玻璃。来自各个方向的光穿透慢透光玻璃的时间各不相同，不同时间的图像混杂在一起就会产生可怕的景象。

为了攻克这个混杂景象效应，慢透光玻璃窗不仅要让光穿透，而且不管光线是从哪个方向穿透玻璃，都不能破坏整个画面的图景。也就是说，整个画面必须整体通过玻璃窗，而不是各个方向的光线穿透玻璃后混杂在一起产生不协调的画面。这一要求并不像听起来那样无法做到，它与制作全息图的方法非常相似，是要将来自不同方向的光线统一成一张图像。移动位置观察全息图时，这个二维平面图会有变化，因此会提供一个三维的视图信息。要通过窗口得到这样一幅图，必须把三维信息压缩成二维。所以，全息技术和慢透光材料的结合才能制成真正的慢透光玻璃。

虽然目前控制光速所需的技术还让人望而却步，但理论事实又让我们饱含希望，也许在未来的某一天，慢透光玻璃就会从科幻变为现实。毕竟，第一个激光器被发明出来时还是个重型、复杂的设备，要在实验室之外运行它是令人无法想象的，但现在激光器可以做得像针头一样大，能够被制成大众消费品，并且在使用时几乎完全不受环境限制。

打破光速势垒

如果说慢透光玻璃让光处于一种近乎静止的状态，令人心驰神往，那么相反，如果将光速提升到正常速度之上，就会产生更显著的效果。我们将在第8章详细探讨后一种情况，爱因斯坦的狭义相对论表明，光速是最快的。他认为，没有任何东西的速度可以超过每秒30万千米。根据狭义相对论，任何接近光速的固体都会变得越来越重，直至它的质量变为无穷大。即使是一条无关紧要的信息片段，其速度也不会超过每秒30万千米的极限，因为根据相对论，一个比光还快的信号会逆时间传播。如果光能以足够快的速度传播信息，那么我们可以用它向我们的祖先问好。

这种技术将改变人类的存在。如果一个信号能被送回哪怕只是几分之一秒的时间，就有可能制造出比当前机器工作速度快几千倍的计算机，因为目前的计算机还是受内部通信速度的限制。但是如果信息能向过去发送，那么就可以通过广播预警灾难的发生。从轮盘赌到股票市场，所有基于预测的博弈都将被摧毁。生活的方方面面都会彻底发生改变。然而，这还不是向过去发出信息造成的最戏剧性的结果。

如果能够向过去发送信息，现实基础将受到威胁，因为这将打破严格的因果联系。对于大多数科学家来说，这足以证明要获得超光速的信息是不可能的。并不是说科学家反对以这种方式偷偷预览彩票的结果，而是说当信息逆时间向后发送时，令人困惑的悖论就出现了。

时间因果顺序假设

我们很容易就能感受到这个悖论的影响，想象一个简单的时间发射机，将一个无线电信息回传几秒钟。这个发射机是通过无线电控制的，所以它可以远程开关。在正午时分，发射机及时将信息传回，内容是关闭发射机的无线电的信号。如果在正午前五秒收到信息，关闭发射机。现在到了正午，发射机已关闭了，怎么可能发送了信息？但是如果没有发送信息，发射机还是开着的。

物理学家不去处理这些令人费解的可能性，而是诉诸“因果顺序假设”（Causal Ordering Postulate），有时也称之为“时间COP”。虽然这个概念听起来引人深思，但解释起来很简单，它无异于是说，结果永远不会先于原因。（实际上会更复杂一点：如果结果不可能影响原因，则允许结果先于原因，但最终结果是一样的。）由此可见，任何危及因果关系的事情都是不可能的，比如逆时间发送信息。加州大学的雷蒙德·焦（Raymond Chiao）教授是研究超光速物理（超光速运动的科学）的翘楚，他认为我们不可能逆时间回传信息。然而，20世纪90年代末，雷蒙德·焦在实验中亲手打开了光速势垒的一条缝。

光子是构成光束的微小粒子，在光子的亚微观层面上，我们的日常认知会有天翻地覆的变化。在这层面上，我们熟悉的物体可预测的行为消失了，只留下概率和不确定性，这就是量子物理世界。

大约100年前，马克斯·普朗克（Max Planck）和阿尔伯特·爱因斯坦建立了量子物理学。由于现实世界在量子层面上表现出的离奇行为，单个光子有可能穿过固体出现在另一边（虽然概率很小），这一过程被称为量子隧穿效应。

量子捷径

量子隧穿效应是量子力学中微观粒子离奇行为的统计解释。一般而言，如同我们在正常世界中看到的那样，当一辆汽车撞到墙上时，会反弹回来，量子力学也期望它有相似的行为。不过，在量子理论中，它偶尔会直接穿墙而过。虽然这概率非常低，远低于一周又一周买彩票后中奖的概率，但确实存在这种可能性。一束光中有很多很多光子，而且单个光子穿过一个显然无法穿透的障碍物的概率要比一辆汽车穿过一堵墙的概率高得多。这种隧穿效应已被广泛观测到。事实上，如果没有隧穿效应，地球上就不会有生命。

能够加热地球并通过光合作用引发氧气释放的阳光，其产生过程看似很简单。在恒星（如太阳）核心的高温熔炉中，最基本元素氢的带电粒子会聚变形成下一个元素——氦。这个过程会释放能量。然而，只有氢粒子近距离接触时才会发生这个聚变反应。但此时的氢粒子都带正电，就像磁铁相同的磁极相互靠近时会互相排斥一样，正电荷之间也互相排斥。即使在太阳的核心，这些氢粒子也无法聚合在一起，否则太阳将会发生巨大的爆炸，并在一秒钟内燃尽，并使所有的氢都转化成氦。氢粒子之间的斥力形成一个势垒，粒子必须穿过势垒后才能发生反应，形成氦，就像我们跨越栅栏时，必须克服重力才能跳过去一样。正是量子物理的奇异特性，才使得这一切成为可能。一些氢粒子会越过势垒，也就是说它们隧穿了，然后聚合到一起。

为了准确描述以上发生的事情，我们真的应该放弃“隧穿”这个词。因为它意味着你要慢慢地通过障碍，而真正发生的事情更为惊奇：某一时刻一个粒子在势垒的一边，下一刻它就到另一边了。它并不是在隧道中跳跃，而是飞越物理势垒。实际上，它是从一个位置忽然到另一个位置，而不需要通过中间的点。这一瞬间的跳跃意味着，任何光子在隧道势垒路径上都是超光速行进。

雷蒙德·焦和他的团队演示了这个奇特的现象，他们测量到的光速是正常光速的1.7倍。如果这束光可以携带一个信号，那么根据相对论，这个信号信息就会在时间上向回传送。但雷蒙德·焦教授并不担心这会破坏现实因果律。因为他的实验是生成单个光子，而产生光子的机制并没有控制光子何时出现。没有这样的控制，光子就不能携带信息。同样，也没有办法决定哪些光子能通过势垒，当然大多数光子不能通过，因此似乎不可能保持信号的流动。没有发送信息的能力，就不可能破坏因果律。

当时，雷蒙德·焦教授对德国科隆另一个实验室的进展并不知情。他们重新调整莫扎特《第四十交响曲》的音调后编码（显然这是一条信息），然后把它以四倍光速的速度进行播放。当然，这可能会增加扰乱现实世界的风险。

但是在探索这些超光速实验的本质以及它们对现实世界造成怎样的威胁之前，我们需要先做一次时间旅行，回到两千五百年之前。对当时的人们来说，光的存在和科学一样，如同魔法。

第2章 哲学家

德谟克利特的原子，

牛顿的光粒子，

都是红海岸边的沙子，

那里闪耀着以色列的帐篷。

——威廉·布莱克

大约公元前3000年，在新石器时代的英国，巨石阵不仅是一座光的庙宇，它还是通过太阳运动预测季节变化的重要标志。一千五百年后，人们对巨石阵的崇拜达到了顶峰，因为这时埃及人将太阳与拉神联系了起来——拉神是宇宙的创造者，是众神之首。埃及人认为太阳是拉神的眼睛，是所有生命和受造物之源。拉神给人类光和热，它们是神赐予人类的礼物，同时也让人敬畏。公元前1300年，一位祭司在一张莎草纸上，记录下了拉神的想法：

> 我是那个睁开眼睛就有光的人。当我闭上眼，夜幕就降临了。

对埃及人来说，拉神是慷慨的，也是可怕的——总是会遇到洪水和干旱。人类不能直视神的眼睛，不然会让人类眼瞎目盲。直视时即使可以看到神的荣光，也会让人感到痛苦。当时古埃及人奉行一神论，他们只崇拜太阳神阿吞。新修建在埃赫塔吞供奉太阳神的庙宇，向阿吞的恩惠献上了一篇颂词：

> 您是那么美丽、那么伟大、那么耀眼，您高踞于天上，您的光芒照耀大地，您所创造的一切都沐浴在您的光辉下……神啊，我唯一的神，您是那么独一无二。

虽然光并不直接被看作是神的一部分，但在早期犹太人的信仰中，光也非常重要，这些信仰催生了现代犹太教、基督教和伊斯兰教。在《圣经》的创世记故事中，光在第一天就出现了。后来，随着古希腊文明奠定了现代西方文化的基础，光在希腊人的宗教和传说中重新出现。

飞向太阳

我们大多数人对古希腊宗教的印象来源于模糊的童年故事，与其说它们是童话，不如说是小说。你很容易认为这种印象是无知的表现，就如同迪士尼的卡通人物和好莱坞的传奇故事给我们带来了乐趣一样。然而，这种印象是非常准确的，希腊没有成文的宗教核心，没有类似《圣经》或《古兰经》的宗教文本，相反，希腊有一个复杂的神话网：它所讲述的故事阐明了神性的本质，它总是把娱乐和教育结合在一起。这种灵活的结构意味着即使是人所崇拜的神也会随着时间而改变。最初的故事是太阳神赫利俄斯驾着太阳战车穿越天空，但在后世神话中，赫利俄斯和宙斯之子阿波罗混为一体。

在这些不断变化和发展的人类与光的故事中，最吸引人的是代达罗斯和伊卡洛斯的经历。代达罗斯是一位发明家，据说克里特岛的米诺斯国王曾委派他设计了一座迷宫，作为牛头人身的怪物弥诺陶洛斯的住宅。那时，建筑师完成秘密建筑后，有时会被杀害，这样就无人知道这个地方了。如果米诺斯当初也杀了代达罗斯，可能会更好。因为代达罗斯把迷宫的秘密告诉了国王的女儿阿里阿德涅，阿里阿德涅又把它告诉了她的情人忒修斯。忒修斯设法杀死了这个牛头怪后逃跑了，而代达罗斯和他的儿子伊卡洛斯因此被关进了监狱。

在监狱中，代达罗斯用蜡和羽毛做了一对翅膀，这样他们父子俩就可以逃离监狱，飞到安全的地方了。但是，伊卡洛斯胆子很大，飞得越来越高，沉醉在自由飞行中，忘记了自己最初的目的。他离太阳越来越近，太阳的热量融化了他翅膀上的蜡，最后伊卡洛斯坠入海中而死。这个故事的寓意很强，说明追求知识的过程中会有危险，自我要求过高也会有危险。此后，人们多次使用这个神话来形象地说明这种风险。然而，就在这个神话出现后不久，大约公元前7世纪，希腊人开始了对知识的不懈追求。

随着希腊人生活环境的变化，发展哲学思想逐渐成为一项得到认可的活动。大约从公元前650年开始，掌权的贵族集团被专制君主推翻。考虑到“专制君主”这个词在今天的含义，人们可能会惊讶于他们在当时的受欢迎程度。当时，“专制君主”只是表明他们以非正式的手段夺取了权力，而不是他们有压迫民众的行为。这些专制君主原本可能是富有的平民，他们支持贸易，鼓励经济发展，因此很受欢迎。随着新的政治和贸易力量的出现，人们有机会停下来花时间思考，而不仅仅只关心生存。在这种新的安逸生活下，一向热衷于建筑的希腊人有了发展哲学学派的根基。

人们开始以一种新的方式对待光。事实上，人们对自然界所有的事物的本质都有了新的理解。除了宗教上的敬畏外，人们开始怀着好奇理解世界，用逻辑解释世界。当然，宗教并没有消失（虽然不是每个哲学家都信仰宗教），但现在有了更多的东西。到了公元前500年，人们开始详细思索光的本质，尤其是恩培多克勒，他的思索更为深入。巧合的是，在地球另一端的人也对光产生了兴趣——中国哲学家墨子及其弟子也加入挑战，开始思索光的本质。

东方之光

与相对平静的希腊不同，这个时期的中国正处于动荡之中。当时需要非常实用的哲学来指导国家发展。这便有了法家思想的崛起。法家学派以高效、法治的治国之道而出名，并非是个只有思辨的学派。当然，这时期也产生了墨子。

据说墨子曾师从儒者，学习孔子的儒学，但对孔子的儒家学说不满。墨子反感孔子的贵族倾向和对礼制的重视，因而另立新说。墨子的哲学强调实用主义和博爱。如同法家学派将官僚机构艺术化、程式化一样，墨子及其弟子用实践的方法了解光。他们进行了测量和观察，注意到平面镜和曲面镜的反射有所不同。他们发现，在木板上打一个小针孔，让光线穿过小孔，然后就可以在背后的白色屏幕上得到一个微弱的、倒置的投影图像。这一发现是已知最早的小孔成像技术，这种技术一直被使用到维多利亚时代，我们今天的摄影器材也是基于这种技术发展起来的。

内心之光

与当时中国哲学家以及希腊人的惯常做法不同，恩培多克勒没有进行实验。相反，他从自己的内心寻找灵感。恩培多克勒发现光和景象似乎交织在一起、难分难解，所以他把光描绘成从眼睛里射出的一束火。中国和希腊对光的两种解释，跟现在人们对东西方的刻板印象完全相反。现在人们认为东方的哲学是反求内心和冥想，而西方的哲学则被认为痴迷于外部，用测量和分析解释万物。

我们现代人很重视实验，但当时这种忽视实验的做法似乎并非不理性。希腊人认为我们的感官很容易被愚弄，有时候感觉是不真实的。我们的经验总结并非能随时给出有益指导，更重要的是要审视内心。当然，感官也是有局限性的。图2.1是麻省理工学院的爱德华·阿德尔森（Edward H. Adelson）教授制造的一种视觉错觉，用来表明我们的感觉是多么不可靠。

在这幅图中，A和B是完全相同的灰色阴影正方形。由于我们的大脑处理物体和阴影的方式，我们会误以为正方形B要更亮，但事实并非如此。（如果你不相信这是真的，请在以下网站查看动画，http://www.universeinsideyou.com/experiment3.html，把正方形A移动到正方形B的旁边，它们真的是一样的阴影。）不幸的是，我们的感官有局限性，这并不意味着我们的思维过程会更准确。但是，希腊人相信，纯粹的理性分析是找到真理的唯一希望。

恩培多克勒大约出生于公元前495年，在西西里海岸的阿克拉

图2.1　棋盘错觉（由爱德华·阿德尔森教授提供）

加斯（即现在的阿格里真托）一个优越的环境下成长起来。生活在富裕的家庭中，他充满激情，投身政治，很快他就引起了别人的注意。他的追随者认为他是预言家，但根据历史学家乔治·萨顿（George Sarton）的说法，跟恩培多克勒同时代的评论家可能听说过，恩培多克勒确信骰子能按他的想法滚动，所以他们认为恩培多克勒是个江湖骗子。当然，恩培多克勒很看重自己的价值。在后来的岁月里，他炫耀自己有许多皇室服饰，经常跟那些奉承的随从炫耀他的紫色长袍和金色腰带等服饰。

不过，毫无疑问，在强烈的好奇心的驱使下，恩培多克勒不可能满足于安逸的家庭生活。他周游希腊世界问学求知。在恩培多克勒所处的文化体系中，他是一个典型的受过教育的人，体现在他着迷于探究世界本质。尽管恩培多克勒充满热情和创造力，他还是把沉重的希腊式哲学包袱运用到科学研究中。他没有这样的概念，即用实验来证明思想，而把辩论和纯思维活动作为他解谜世界的唯一工具。

恩培多克勒把大部分时间都花在了医学上。他似乎有真正的治疗技巧，并充分利用他的经验和能力树立形象，把他知道的治愈案例说成是完美的自然奇迹。在从事药物贩卖的同时，他和同时代的人一样，都对物质的本质感兴趣。固体物质是如何构成的？光本身是物质还是别的什么东西？恩培多克勒对这场辩论最深远的贡献（如果算是大错特错的话）是提出了“四根说”。他认为，任何东西都可以分解成土、气、火和水四种基本成分。（这与更早的《创世记》里的创世故事有强烈的相似之处，上帝最先创造的是地、天、光和水。）

恩培多克勒的理论有一定的逻辑性。例如，燃烧木头时，会发出火焰、会冒烟（一种空气），也会产生灰烬（一种土）。影响西方发展的两位著名人物——亚里士多德和柏拉图采纳了这种朴素的观点，随后这种观点被人们认可了两千多年。今天，它仍然奇怪地出现在一些新时代的另类哲学中。

恩培多克勒是一个诗人和哲学家（他创作的诗歌在公元前440年的奥运会上轰动一时），他魔法般创作了一幅关于视觉机制的绚丽画面。在《论自然》一书中，他把爱神阿佛洛狄忒描述为：

> 借宇宙的原始灶台点燃了眼中的火焰，眼球封着火。

虽然恩培多克勒的描述很有诗意，但这仅是字面意思。他设想，在特殊的机制下，真正的火会和眼睛的水分开，然后耀眼地流向所看到的物体。这幅戏剧性的画面必须用他的四元素理论来理解，也就是说，光必须由火组成，因为光不可能是土、空气或水。

一千多年来，人们接受了眼睛会发出炽热光芒这个结论，虽然在现代人看来，这种观点似乎漏洞百出。如果光是从眼睛发出的，那为什么太阳下山后我们会看不见呢？恩培多克勒并没有忽略太阳的贡献。事实上，他甚至提出，是地球阻挡了太阳光线，造成了夜晚黑暗，这一观点远远超前于他所处的时代。然而，他头脑中有两种完全独立的光。他认为，在阳光的促进下，眼睛的光会让人看到景象。想象一下，打开一个盒子，让光线照进去。而移动盒盖的动作不会产生光，它只是让光进入盒子。同时，恩培多克勒认为，只有太阳才能使眼睛发出的光正确地发挥作用。

恩培多克勒的理论不仅仅受实用视觉的影响，对于希腊人而言，所看见的事物的颜色本质受思维的影响，至少在描述颜色时是受思维影响的。在恩培多克勒之前约四百年，荷马将大海的颜色形容为"葡萄酒般黑暗"，但现在没有人会认为大海的颜色像葡萄酒。事实上，当时蓝色和绿色的概念似乎与现在的含义截然不同。在古希腊语中，与蓝色最接近的词是"kyanos"，从上下文来看，这个词的意思是黑暗，而非一种颜色。

"chloros"这个词也存在类似的情况，它与绿色最接近，同时也被用于描述血液和蜂蜜。然而现在看来，"chloros"并不是一种颜色，而是用来描述事物的新鲜状态，还有可能是用来描述新生的、正在成长的生命。为什么会出现这种颜色间的混淆？一个简单的解释是古希腊人比我们更容易出现色盲，但没有证据支持这一观点。相反，与看到的颜色相比，人们更看重感受物体。也就是说这主要是内心感受到的光，而非看到的光。

望尽黑暗

尽管恩培多克勒的理论盛行了一千多年，但描述光如何工作的并不单单只有这些理论。原子论者也提出了相应的理论，跟恩培多克勒的理论争论不休。原子论学派是毕达哥拉斯建立的学派之一，出现于恩培多克勒提出这些理论之前。公元前4世纪，哲学家留基伯和德谟克利特提出了一个超越时代的概念，认为一切物质都是由微小的不可分割的粒子——原子（在希腊语原文的意思是“不可切分的”）组成的。因为他们相信所有的物质都是这样组成的，所以认为光也一定是一些微小的粒子组成，它们像细粉一样，从光源流向观察者。

人们没有遗忘原子论者的思想，但始终没有完全接受它。即使17世纪牛顿到剑桥时，人们也不是很看重原子论者的观点，但是它非常吸引牛顿本人，令他在原子论者的思想上构建了整套光的理论。不过，当时恩培多克勒的理论仍然是公认的真理，哲学家柏拉图继续发展了这个理论。

柏拉图大约公元前428年生于雅典一个非常富有的家庭，是家中最小的儿子。他曾涉足政治，但在雅典和斯巴达之间的伯罗奔尼撒战争后，雅典剧变，从事政治有了风险。公元前399年，他的哲学导师苏格拉底被处决，得知这一消息，柏拉图感到了恐惧。严格地说，指控苏格拉底为异端的原因是他藐视传统宗教，引入了自己的新神，但实际上，他获罪更可能是因为他对当权者一针见血的批评。目睹了苏格拉底的命运后，柏拉图认为研究数学、科学和哲学是一份更为安全的事业。

尽管柏拉图是以哲学家而闻名于世的，但他的学说有一定的不确定性，因为它们的呈现形式是虚构的系列对话录，而不是对事实的明确阐述。不过他的一些科学观点，特别是关于视觉机制的观点，却被更清晰地记录了下来。

柏拉图思索了黑暗中看不见东西的问题，他发展了恩培多克勒的部分理论，把视觉当作是眼睛的光和外界的光之间一种特殊的相互作用。柏拉图认为，应该将观察对象和观测者联系在一起，在视觉下它们是一个统一的整体，两者的光结合产生了一条光学高速公路，然后心灵可以载入所看到的信息。

尽管柏拉图尝试使这个理论更具理性，最终仍然是纯粹的哲学理论。它缺少数学推理，我们现在认为有数学推理的理论才是科学的。但之后不到一百年的时间里，另一个伟大的希腊人——欧几里得——就给出了视觉本质的不同解读。欧几里得活跃于约公元前300年，比柏拉图晚了百余年。如果真有欧几里得这个人的话，他很可能受教于柏拉图的学生。

欧几里得光线

对欧几里得这样一个著名历史人物是否真实存在的怀疑看似奇怪，但没有足够的证据来确定欧几里得的作品《几何原本》究竟是由一个人或者一个老师和他的学生，还是一群哲学家利用一个虚构的名字完成的。（历史上就有这样的事，有一组数学家以“布尔巴基”之名发表了一系列的作品。）在这种不确定性下，关于欧几里得的任何传记信息充其量只是推测。

如果欧几里得真实存在，那么他对几何学是十分着迷的。他将坚实的空间数学测量方法应用于视觉行为。然而，尽管采用了这种逻辑方法，欧几里得也没有完全否定“眼睛发出的光”的理论，还成功地进一步完善了它。

欧几里得使用了一个思维实验，他用脑海中想象的情境来测试他的推论，正如爱因斯坦在两千多年后意识到光速的独特性质时所做的那样。他想象自己在寻找一根掉在地上的针，尽管搜寻方向是正确的，但在他在这个过程中并没有看到针。突然，针出现在视野中。欧几里得因此得出结论，来自太阳的光总会射中针并到达眼睛，如果太阳光是唯一的光，我们应该能够立即看到针。所以，他认为，视觉取决于阳光与眼睛射出的光线的相互作用，而且光线需要有意识地聚焦在物体上。

这听起来与柏拉图的理论非常相似，但欧几里得的一大进步是，他认为来自眼睛的光线沿直线运动，被针（或其他观测物体）反射，然后回到眼睛。虽然细节可能是错误的，但他所描绘的光还是具有一定的科学性。光突然从一种弥漫的蒸汽现象变成了直线传播的某种东西，它的行为可以用新的几何数学来预测。光沿直线传播一直是一个基本假设，直到20世纪，爱因斯坦天才的光线偏折理论才动摇了这个基本假设。

光之武器

在欧几里得时代不久之后，另一位伟大的哲学家阿基米德提出了直线光学的想法，并差点用它来制造死亡射线。阿基米德出生于公元前287年，几乎一生都生活在西西里岛的锡拉库扎，不过他可能在亚历山大港待过一段时间，因为他经常与那里的数学家通信。现在人们记住阿基米德的是他的力学概念和他发展了欧几里得的理论。当然阿基米德也痴迷于几何学。三百五十年后，普鲁塔克写了个故事，说阿基米德的仆人把他从工作中拖出来，带到浴缸旁让他洗澡，阿基米德在浴缸中继续用火炭画图，甚至在他光溜溜的身体上计算和画线。

和欧几里得一样，阿基米德也对光着迷，尤其是镜子对光的作用。他写了一本关于光学的书，然而现在已找不到它了，也找不到他关于光学理论的细节描述了。阿基米德生活的时代，希腊动荡不安。希腊人曾认为罗马人野蛮而蔑视他们，此时罗马人却在占领希腊领土。曾经伟大的希腊文明处于崩溃的边缘。尽管阿基米德才华横溢，却出生在了错误的时间和错误的地点。虽然他设计了用于轰炸入侵船只的发动机，却不能阻止罗马人的入侵。

公元前212年，随着敌人逼近锡拉库扎，阿基米德灵机一闪，将光本身作为武器。他知道小的曲面镜可以集中足够的太阳光点燃火柴。集中太阳能量远距离攻击罗马人脆弱易燃的木船，似乎是打击敌人的理想方式，甚至可以在他们的武器进入射程之前就攻击他们。

阿基米德草拟了一份计划，准备将一些巨大的弧形金属片镶在港口的架子上。这些耀眼的设备能把太阳光聚集到一个点上，然后把这些收集到的热量变成一个微型熔炉。然而，这些金属镜片没有做成，也许当时的工匠更习惯于手工锻造，而不是擅长精密工程，他们觉得这样的大工程太有挑战性了；也许这个遭受重创的城市在战争中损失太大，而没有时间和资金来制造这些镜片；也许当他声称可以不接触罗马人就可以消灭他们时，遭到了人们的嘲笑。

阿基米德在生命的最后一刻还在研究镜片。据说，当入侵的罗马士兵发现他时，他正在不停地绘制图表。阿基米德头也不抬，怒骂士兵打断了他画图。“别来打扰我画图。”这是他说的最后一句话。士兵无法容忍这名75岁老人对胜利者如此不敬，因此阿基米德被无情地杀害了。

危崖之边

罗马人并没有完全消灭希腊文化。在西方文明沦陷之前，科学哲学还有最后一次绽放，这要归功于托勒密。公元2世纪，托勒密生活在埃及的亚历山大港。这个时期对希腊来说很是痛苦。托勒密很可能不是真正的希腊人，他的名字就说明了这一点（他的名字是个拉丁名）。事实上，他有时还被误认为是埃及人。

托勒密更确切的名字是克劳迪斯·托勒密厄斯（Claudius Ptolemaeus），从他的名可以看出他是个罗马公民，而从他的姓可以看出他来自埃及。尽管如此，他确实是出生在希腊，并受希腊学术传统的影响。关于托勒密的生平，除了127年3月26日至141年2月2日之间他在亚历山大港的天文观测记录之外，几乎没有更多的信息。天文学研究让托勒密声名鹊起。他的宇宙体系基于亚里士多德的理论，认为太阳和行星在一个水晶球上绕着地球转。在此后的一千四百年里，托勒密的宇宙体系一直是绝对标准的宇宙体系。同时，托勒密在光学上的研究也对后世产生了深远的影响。

托勒密对光最重要的观测研究，就像他的太阳系模型一样，影响深远，然而却是错的。他研究发现光束在进入水中时会弯曲，也就是所谓的折射过程。把一枚硬币放在空杯杯底，然后往杯中倒入水，托勒密注意到硬币似乎有移动。利用欧几里得光沿着直线传播的观点，他可以确切地说，光从空气进入更致密的材料如水或玻璃时，光线向内弯曲，从致密材料往空气中射出时，情况正好相反。

到这里，托勒密还是正确的。为了确定光线的弯曲程度，托勒密还做了多次测量，这种方法和希腊的传统方法——没有用实践检验理论——完全相反，反而和现代科学方法更接近。不幸的是，他根据实验数据做出的推论是不正确的：他认为光线射到材料上的角度和光线进入材料后弯曲的角度之间有个固定的比例。对于较小的入射角来说这结论接近正确，但随着入射角度的增大，入射角和折射角之比与这个固定比例的差距也在增大。事实上，几百年后人们才弄明白了整个折射理论。

托勒密也受到后人的批评。16世纪，在有望远镜之前，天文学家第谷·布拉赫（Tycho Brahe）就绘制了最完整的星图，他认为托勒密把早期喜帕恰斯对恒星位置的测量当成了自己的成果。由于喜帕恰斯在公元前150年左右观测的数据已经丢失，所以无法比较他们的观测。然而托勒密的观测数据存在一系列错误，表明他可能复制了早期的数据，然后根据时间的推移对其进行了调整。托勒密清楚地标明他的工作有多少是基于喜帕恰斯的研究，这让他在死后受到了攻击。反复无常的艾萨克·牛顿（Isaac Newton）曾激烈地攻击托勒密，指责他说：

> 这是对其他科学家和学者犯下的罪行，违反了职业道德，背弃诚信，使人类永远失去了天文学和历史领域中重要的基本信息。

在确信托勒密伪造了数据来支持他的理论后，牛顿接着说：

> 他没有改进理论，而是故意伪造符合理论的观测数据，然后声称观测结果验证了理论的正确性。在学术活动中，这是一种欺诈行为，是对科学和学术的犯罪。

现代学者没有那么挑剔，他们承认托勒密对现在大家熟知的知识进行了有价值的观测。至于托勒密的光学著作，现在没有人看过，所以我们也不能肯定他列出了详细的实验数据。随着残余的希腊文明和罗马文明被一拨又一拨的野蛮入侵者摧毁，他的书的大部分副本都被毁了。据传说，托勒密家乡亚历山大图书馆被摧毁了不下四次，其中一些肯定是在这些浩劫中丢失的。

这座图书馆是公元前4世纪末在埃及国王托勒密一世的鼓动下建造的。后来这里成为一个独特的学习中心，在它巨大的大厅里储存着50多万卷资料。然而，公元前47年，在与罗马将军庞培的内战中，朱利叶斯·恺撒躲在亚历山大港。战火摧毁埃及舰队的同时，意外蔓延到图书馆并烧毁了它。当时，许多书卷被挽救下来了，但后来遭到了蓄意破坏——曾两次被沦陷的罗马帝国的皇帝毁坏，最后被穆罕默德之后的第二位穆斯林统治者哈里发·奥马尔彻底销毁。

据说大约在630年，哈里发下令销毁图书馆中所有与《古兰经》不符的书籍。此外，任何与《古兰经》一致的书籍也要销毁，因为它们只是提供了不必要的重复信息。这些书卷被堆放到锅炉中燃烧，给残破的罗马供热系统和浴室提供能量。后来阿拉伯作家伊本·阿尔-季福提在《智者编年史》中写道："澡堂的数量是众所周知的，只是我已经忘记了"（当代的记录显示大约有四千个）。据伊本·阿尔-季福提称，这几千个锅炉"花了六个月的时间才烧完所有的书卷"。

幸运的是，那里还有其他图书馆，有些书被保存了下来。后来的哈里发更能容忍希腊知识；这样我们现在才得以见到许多希腊书籍，包括托勒密的《光学》残卷，它是在罗马衰亡后从阿拉伯文版翻译过来的。一股新的力量已经从古代文明手中接过了知识传承的重担。一位研究过希腊文本的阿拉伯哲学家将光明从黑暗时代的阴影中带了出来，但首先他必须逃过埃及国王的迫害。

第3章 冲出黑暗

要想有光，要么成为蜡烛，要么反射它的光。

——伊迪丝·纽伯德·琼斯·华顿

黑暗时代确实很黑暗，为了生存，人们几乎没有时间进行科学研究。和平到来时，希腊人喜欢用头脑进行纯粹的思考，而基督教又对新知识不信任，两者相结合的思潮蔓延世界，只有少数地方没有被波及，其中就有出现于公元7世纪的伊斯兰文化。伊斯兰教义要求每一个穆斯林都要为了正义追求知识。经过最初一百五十年的流血征战后，伊斯兰世界进入了一个较为和平的时期，对知识的追求在这个时期崭露头角。而在西方世界，少数独善其身的学者为了追求知识，不惜冒一切风险。这一时期的科学发现虽然很少，但在逐步照亮世界。

疯狂之下亦有安全

巴格达是伊斯兰新的学术中心，在这里，学者们发现了遗存的希腊自然哲学，在这基础上加以研究补充。在涉及光的故事中，阿布·阿里·哈桑·伊本·海瑟姆（Abu Ali al-Hasan ibn al-Haytham）

引人注目，在西方文献中通常称之为阿尔哈曾（Alhazen）。965年，阿尔哈曾出生于巴拉斯（现为伊拉克的巴士拉），他将经典的主观理论转变为我们今天习以为常的几何光学理论，是为数不多的从事这项工作的人之一。

年轻好学的阿尔哈曾试图用老师们纯粹的宗教观点来理解世界，但是他无法认同老师们用实用主义来理解世界，他们只知道世界是“如何”运作的，而不懂“为何”如此。“实用”则成了阿尔哈曾的致命缺点。由于阿尔哈曾能解决任何问题，穆斯林世界很快就认识到了这个天才，因此他受埃及国王哈基姆的邀请前往开罗，国王的邀请当然是不能拒绝的。纵观埃及的历史，尼罗河有的年份可以保障农作物的灌溉，有的年份会引发洪水，有时又会干涸，所以尼罗河既赐福埃及人，也给他们带来了灾难，因此国王对尼罗河很头疼。哈基姆命令阿尔哈曾想出控制尼罗河流量的办法，从而控制大自然的破坏力量。

年轻的阿尔哈曾欣然接受挑战，但很快就发现自己难以胜任这项工作，阿尔哈曾失败了，尼罗河则继续在埃及肆虐无忌。然而国王不接受失败，如果阿尔哈曾承认他无法控制大河，他失去的将不仅仅是工作。由于担心自己的性命，阿尔哈曾准备逃往别处，他考虑过逃往叙利亚。尽管哈基姆的王国与以前的埃及帝国相比微不足道，但国王的权力依然不可忽视。如果惹怒哈基姆，逃得再远也会被抓回来。随着时间的流逝，为了免受国王的惩罚，阿尔哈曾在绝望之下做出决定：他在监狱中模仿街上的疯子，撕扯衣服，野蛮怒目；短暂清醒时，他告诉别人，改良尼罗河的挑战已经把他逼疯了。哈基姆当然不会对一个疯子进行惩罚，因此阿尔哈曾被迫装疯了好几年，直到国王去世。

我们可以想象，阿尔哈曾在牢里假装发疯时，从一扇小小的铁窗向外凝视，看到阳光随云层和太阳的移动而变化。这时，他除了举目观天，没有什么事情可做。观看得越多，他越觉得，光线不是来自眼睛，而是来自太阳。他注意到，当他转身望向黑暗的牢房时，被强光照亮的物体的余影仍然飘浮在他的面前。这肯定是外部作用于眼睛，而不是物体对自己眼球发出的光的反应。同样，当他凝望太阳时眼睛的痛感也不可能是眼睛本身发出光的结果。至此，阿尔哈曾认为，光和眼睛没有关系。

监狱的窗外是洒满阳光、熙熙攘攘的广场，也许那里有孩子跑来跑去，大喊大叫、互相扔球。而正是这样一番想象中愉快而忙碌的景象，激发了阿尔哈曾对光学的另一种理解。阿尔哈曾已经知道产生光不需要眼睛，那么他就可以运用欧几里得优美的直线几何学，想象光线从太阳向四面八方沿着直线发散。其中一些光束射到了广场，广场便明亮起来。但是只有一束光沿直线进入眼睛，使视线清晰起来。他能看到经过广场上的镜子、武器和金属器皿反射发出的闪光。当这种情况发生时，他猜想是光线射中镜子，并以同样的角度从镜子表面反射出去，就像小孩子把球扔向地面或墙壁反弹回来一样。

逃出监狱

一旦摆脱了装疯，阿尔哈曾就可以重新验证、修改他的想法。他可以用抛光的金属镜面来做实验，而不仅是一瞥广场上的反光。

阿尔哈曾和他的希腊同行一样，着迷于这些早在青铜时代就已经存在的最简单的光学装置。并且，他把关于反射的研究带到了一个新的高峰，他详细描述了光线在不同镜子上反射的情况，尽心竭力画出了数百条光线的路径，这些镜子的反射面从球面到锥面，曲率各不相同。他甚至利用自己对光的理解来估计大气的厚度。

巴格达的日落非常壮观，太阳在地平线消失以后，气温开始迅速下降，人们会离开屋顶，进入温暖的室内。每当日落清晰可见时，阿尔哈曾都会待在外面，太阳在视线中消失，但地平线上有微弱的阳光时，他都会进行观测。阿尔哈曾在《光学之书》一书中假设，光从空气进入水中会发生折射，我们可以看到光线的弯曲，后经证明，这是正确的。夜幕降临前，他通过估计太阳在地平线以下的位置，再结合大气弯曲光线的程度，得出了大气的厚度为15—40千米，在那时就可以做出如此精确的结果很让人惊讶。

当阿尔哈曾苦心研究以前设法收集的希腊哲学家的幸存著作时，他想到了折射问题。他对托勒密的关于折射的实验方法印象深刻，但是当他重复这个希腊前辈的实验时，发现得不到相同的结果。虽然阿尔哈曾没有数学工具来计算出光从空气进入水或玻璃时的入射角和折射角之间真正的关系，但他确信托勒密得出它们之间的比例只是一个简单常数的结论是错误的。尽管如此，阿尔哈曾仍然做出了一个令人瞩目的猜想，这个猜想直到19世纪才被证明，那就是，发生这种偏折的原因是光在密度较大的材料中不容易传播，速度较慢。

阿尔哈曾在墨子的基础上，把新奇的暗箱变成了一种工具，取得了更大的成功。暗箱装置的原理很简单：用一块黑色的材料遮住进入房间的光线，并在材料上扎一个针孔。从针孔射入光线照到对面的墙上，暗箱外发生的情景就会在这面墙上投影成一幅生动的画面，只不过这个画面是上下颠倒的。得益于欧几里得的光沿直线传播原理，阿尔哈曾明白了画面为什么颠倒：来自物体顶部的光沿着直线穿过针孔，最终到达墙上图像的底部；同样，物体底部的光线则到达图像的顶部。

后来改进的暗箱用镜头把图片转正，或者将图像扭转90度后显示到房间中的桌子上。这种技术设备直到维多利亚时代仍受欢迎，它可用来娱乐，舞台布景不够大时，它还可以帮助舞台设计者在小的布景上重现大场景的画面。

暗箱不仅为光的实验提供了有效的实验室，它还说明了眼睛和现代照相机的工作原理，尽管几百年后照相机才被发明出来。对于阿尔哈曾来说，暗箱清晰地证明了以前的希腊先贤在光的理论上是错误的，他们认为所看到的物体外壳会从物体本身脱落，然后进入人眼。阿尔哈曾辩称，一排蜡烛的外壳怎么能穿过小孔，然后在另一侧重新排列呈现呢？暗箱的模糊图像成功显示了欧几里得的直线光和阿尔哈曾的点光源光线。

到西方海岸

13世纪，阿尔哈曾关于光的研究大成《光学之书》被翻译成拉丁文，在对希腊哲学的新认识中，人们再一次燃起了对光学现象的兴趣。西方对阿拉伯文副本翻译过来的希腊文版《光学之书》有着各不相同的态度。人们受希腊的自然哲学的影响极深，任何非议他们科学的作品都会被当作是异教徒的胡言乱语。两位英国牧师——罗伯特·格罗斯泰斯特（Robert Grosseteste）和罗杰·培根（Roger Bacon）扛起了切实复兴西方科学的重任。两人都在牛津大学待过一段时间，尽管他们可能从未见过面。年长的格罗斯泰斯特离开牛津成为林肯郡的主教后，非凡的培根才来到牛津，显然，他们的思想互不影响。

格罗斯泰斯特大约生于1175年，在文艺复兴之前他就已经在做相关的工作，给沉闷死板的等级制度带来了一股新风。他是教会改革的活动家，因为修道院院长没招募足够的牧师来照顾信众而将其解雇了，他还时常批评当时的宗教滥用，最终在他的带领下，成立了新教教会。但格罗斯泰斯特不仅仅是一个牧师，他还痴迷于音乐，并以其敏锐的智慧和对自然科学的浓厚兴趣而闻名。尤其是，光的本质深深引起了格罗斯泰斯特的兴趣。在他看来，光似乎是万物的中心。

在具有里程碑意义的《论光》一书中，格罗斯泰斯特描述了他如何设想物质是由光形成的。他的思想结合了柏拉图的希腊哲学和阿拉伯思想家（如阿尔哈曾）的思想。格罗斯泰斯特的视觉理论并不是我们今天所认识的科学视觉理论。对他来说，就像巨石阵的建造者和古埃及人一样，科学和宗教互不分离。光的物理特性只不过是灵性实相的一种简单的反映。然而，格罗斯泰斯特的哲学不仅仅纯粹基于信仰。他认识到数学的重要性，认识到在获取知识时需要有实验基础，这些都为未来科学的发展奠定了基础。

格罗斯泰斯特所倡导的将观测置于理论之上的务实态度，与希腊哲学家和教会的权威思想相左。然而，格罗斯泰斯特的政治意识很敏锐，他总是能约束自己的叛逆，让自己的行为保持在可以接受的范围内。他的哲学旗手罗杰·培根就没有这种自制力。在创造性的大爆发中，培根把科学方法发挥到了极致。

奇异博士

培根去世后成为一个传奇，这使得人们很难区分他生前的传说是真是假。他因广博的知识而被称为“奇异博士”，人们以极大的热情宣扬他的丰功伟绩。据说他创造了一个能像人一样说话的神奇铜头。在漫长的单独囚禁期间，他通过监狱墙上的一个洞对外大喊他的理念来教育贫苦的农民。传说培根是圣人，也有人说他与魔鬼签订了契约。但有一点是肯定的，那就是培根拥有足以与牛顿或爱因斯坦媲美的科学洞察力，只是他一生运气不好。

对那个时代的人来说，培根游历甚广。1214年或1220年，他出生于萨默塞特郡的伊尔彻斯特。（现在可知他出生日期的唯一来源，是他中年时的一次讲话，他说“从我首次学习字母开始，已经过去四十年了”，这应该可以作为他入学的时间。）后来，他搬到异国的巴黎，在那里进行大学学习，随后在那里任教。在巴黎时，他对科学并没有表现出很大的兴趣，但回到英国后，他来到牛津大学，看了罗伯特·格罗斯泰斯特的独创性的论著后，对自然哲学产生了浓厚的兴趣。

培根在牛津待了十年，沉迷于教授、研究综合物理和炼金术。十年后，他被迫离开了大学，部分原因是健康状况不佳，更有可能的原因是，他当时是方济各会的一名小修道士，而该修会的上层认为，他的哲学思想太接近现实了。教会领袖认为培根对创世机制的迷恋是非常危险的。当时盛行的创世机制近乎魔法，而培根固执地坚持用科学的态度对待宗教教义，接受他认为合乎逻辑的东西，但对其余的东西提出质疑。宗教领袖认为培根的想法很危险，近乎异端邪说。更糟糕的是，由于教皇的离世，方济各会四分五裂。

一位有远见的西班牙作家——弗洛拉的约阿希姆（Joachim of Flora），曾预言1260年会是灵力新时代的开端，世界的根本变革将由一群修道士引领，由巫师梅林本人领导。也许是受权力的诱惑，或是真正有信仰，方济各会的一些人把预言作为教会的信条。但是在教会当局实施变革之前，修道院的统治集团和罗马民众之间发生了一次冲突，这对变革行动造成了极大的打击。方济各会的头脑人物因支持约阿希姆而被罢黜，取而代之的是一个顽固的神学家——博纳文图拉（Bonaventura）。

据说，方济各会的新首领博纳文图拉跟牧师阿尔伯图斯·马格努斯（Albertus Magnus）是朋友。阿尔伯图斯有科学思想，是培根在巴黎的老师和学术对手之一。然而，博纳文图拉认为，由于对外部世界异端的兴趣，方济各会修士们才到了目前的危险状态。在一大堆严苛的新规定中，博纳文图拉禁止修士写书，甚至不允许他们保存未经教会首脑批准的书。罗杰·培根显然是教会新政的治理目标。教会怀疑培根有约阿希姆式倾向，并且在教授魔法，因此把他赶出了大学，遣回巴黎的修道院里去做没完没了的粗活。

永不熄灭的蜡烛

尽管当局想压制培根，但他们没有预料到他的巨大潜能。每天繁重的清洁工作和其他体力劳动并不足以让培根温顺下来。尽管被禁，尽管他知道跟教义有冲突，培根还是决心写作。他勉强凑了些纸，开始大致写起来。不久，教会传召他来说明自己的情况。培根解释说，自己的行为是无罪的，他正在制作一系列表格，用以计算复活节的日期。没有人会认为这是异端邪说，严格来说，这也不是一本书，所以他被允许继续写下去。在一张又一张数字表的掩护下，他完成了一篇伟大的科学论文——《自然论》——的初稿，并把初稿偷偷送给修道院外的朋友，以保证其安全。

后来出现了一个转折。培根设法联系了枢机主教居伊·德·富尔克（Guy de Foulques），这位贵族在方济各会修士改革之前就对培根的工作感兴趣。他是培根的朋友中权力最大的，培根也充分利用了这一点。培根向德·富尔克表示，自己多么感激枢机主教对他的科学工作的兴趣，并解释说，他渴望把自己的想法写成书，前提是希望德·富尔克说服教会首脑，不再反对自己写书。

虽然德·富尔克是教会的重要人物，但培根也知道他向枢机主教诉求成功的希望渺茫。方济各会的规则完全独立于整个教会的规则，更为严重的是，当时方济各会以博纳文图拉为首，有迹象表明他排斥培根的思想，不可能做出让步。然而，德·富尔克确实有影响力，另一方面，博纳文图拉很可能想通过迎合枢机主教来巩固他新的地位。在等待回复的漫长日子中，培根可能有了很多新的思想，但从来没有成文成书。

培根写了他的诉求两年后，德·富尔克给他写了一封信。这封信似乎足以顶住来自方济各会的任何反对。枢机主教居伊·德·富尔克、枢机主教萨比娜和驻英国教皇使节要求，不管方济各会的各种限制，解除对培根的监禁，因为培根所写的“书”是关于科学的。尴尬的是，还有一个巨大的问题——培根还没有写书。不知怎么的，德·富尔克以为培根的书已经写成，事实上培根只是请求他支持自己写书，而德·富尔克斯搞错了他的意思。所以，德·富尔克斯想要这本书，而且立刻就想要。培根的噩梦并没有就此结束，他给德·富尔克写信，希望解除博纳文图拉的禁令，让他能够公开地研究和出版书籍，并得到资金资助来购买书籍、纸张和复印等服务。最后，德·富尔克意识到自己的能力有限，不能提供任何资金，但他命令培根把书秘密地寄给他。

培根吓坏了，他不能无视德·富尔克的命令，但似乎又不可能马上成书。他从朋友那里搜集了所有能找到的私密著作，并且开始四处寻找资金支持，同时他一直试图用无恶意的数学计算来掩盖他的活动。随着时间的流逝，他著书的可能性似乎越来越小。但接下来传来了更为震惊的消息，比德·富尔克信的内容更严峻：教皇去世了，新来的克莱门特四世登上了圣彼得大教堂的王座。这位新教皇最初的名字是枢机主教居伊·德·富尔克。

大著作

现在，培根已经很习惯根据自己的需要请求调整规则，他写信给新教皇，解释自己迟迟没有执行最初的命令的原因，并陈述了上级对他的限制给他带来的困难。尽管培根对自己热爱的事业充满热情，常常为做成事情鲁莽急躁，但他非常具有外交手腕，他意识到，如果这封信落入有心人之手，那将非常危险。因此，他措辞极其谨慎，几乎没有对方济各和博纳文图拉提出任何批评，并委托一名密友把它带到罗马去。接下来，只能是静待佳音了。

然而，信却石沉大海了。一年多后，培根才收到了回信，并且回信对自己是有利的，这让培根松了一口气。登上教皇宝座的德·富尔克斯并没有减少对科学的兴趣。然而尴尬的是，跟上次一样，仍然没有命令让培根从他的忏悔劳作中解脱出来，也没有教皇的特别许可来绕过博纳文图拉的命令。另一方面，培根依然没有资金支持。

培根再次陷入痛苦的两难境地。要出版书籍（这毕竟是他非常想做的事），唯一的办法是出示自己和教皇之间的秘密信件。意识到自己将面临巨大的风险，培根花了好几天的时间深思熟虑才采取行动。最后，培根把教皇的信拿到修道院院长那里。正如他所想的那样，他立刻受到了怀疑。从信中可以清楚地看出，他违反了博纳文图拉的一项规定，没有通过程序就越级联系了教皇。但培根赌赢了。在与当地的首领商议后，院长认为，给教皇提供想要的书比任何小过失都重要。培根因此获准开始写作。

这消息令人振奋。培根似乎再也不用同别人谈论自然哲学，可以写书了，尽管他的思想每时每刻都在急切地挣扎着，想要逃脱。自从离开大学以来，他第一次可以公开、自由地工作了，并获得了筹集资金的许可。在努力推进这个项目的过程中，他文思泉涌、落笔生辉。

培根最初打算给教皇写一封简短的信，仅对他的新书做一个简短的概述，但他发现无法抑制自己的想法。在做了这么多无须动脑筋的手工劳作之后，培根写作的冲动势不可挡，据称此信共有50万字。最后，培根只好无奈地把它寄去复印，然后开始写一封附信，后来附信成为培根的重要手稿之一。不幸的是，之后他又一次入狱了。写作结束时，培根已完成了三部书。第一部是《大著作》，第二部是《小著作》，还有《第三著作》。它们涵盖了哲学、占星术、天文学、地理学、光学和数学等。这是一项非凡的研究成果，但在培根看来，这只是一个开始。

在附信的最终版中，培根鼓动教皇推进一项新工作——写一套涵盖这个时代所有科学知识的书，每个部分都是由相关领域公认的专家来写，最后成为一套科学百科全书。但是这套书是给外行人写的，任何人都可以在书中获得新知识。在推进这项工作的过程中，培根的能力似乎是无限的。14世纪可能会爆发一场无与伦比的科学革命，但是，此时，培根的霉运在持续，坏事一件接一件，越来越糟糕。

当培根在等待教皇对他提议的回复和对他的三部著作的评论时，修道院院长召见了他。院长表达的意思有点含糊，但是似乎对培根有利。院长告诉培根，他需要回到英国牛津。看来，教皇对他的工作很满意。有那么一会儿，培根感到很高兴，但他需要知道更多确切的消息。当他问教皇是否有任何特别的评论时，得到的消息把他从喜悦中推入了绝望。教皇从来没有见过《大著作》《小著作》和《第三著作》。这三部著作还没有送到罗马，克莱门特四世就死了。

几个疑点

在克莱门特死后混乱的一段时间里，尽管培根失去了保护，但似乎并没有遇到什么真正的困难。他回到牛津大学教书，写了一部数学专著，这是他伟大的科学著作的第一部分。后来杰罗姆·迪·阿斯科利（Jerome di Ascoli）当选为新的教皇（教皇尼古拉四世），他极其憎恨约阿希姆式的异教徒（严格来说这不是异端邪说，否则就会被审判）。根据大约1370年纪事记载，“在许多修士的建议下，首脑杰罗姆修士谴责了罗杰·培根修士的教学……因为教学内容里有些可疑的新东西，所以罗杰被拘押了起来。”由于事情发生很长时间后才被写成了纪事，可信度很低，但培根很可能被收押在阿克纳的修道院里，那里关押着其他异教徒，铁链锁着他们，直到他们死去也不能接触外人，埋葬时没有信徒仪式。

监禁的期限如同培根生活中的其他事情一样，都是不确定的，最短估计是两年，最多十三年。然而，无论监禁多长时间，培根都有坚定的信念和对科学的好奇心，他可以在可怕的监禁中坚持很长时间。当然，被监禁十三年的可能性不大，因为当时杰罗姆·迪·阿斯科利已经成为教皇，方济各会的新首脑雷蒙德·德·高弗雷迪（Raymond de Gaufredi）更具同情心，很可能会释放了杰罗姆的囚犯。据说，培根在监狱里通过墙上的裂缝向那些朴实的村民传授知识，这种跟外界的微弱接触或许能让他保持敏捷的头脑。

最后培根被送回牛津大学，他之前的著作都被教会查禁并保留了下来，但由于此时他承认自己信奉神学，得以获准重新写作，尽管他过去的经历充分表明他的立场没有随之而改变。他死于1294

年，享年80岁。

培根的学术生涯成就非凡，即使他只是整合了那个时代的知识，也足以举世瞩目，但他做得比这多得多，他既是一位实验科学家，也是一位百科全书式的人物。事实上，正是培根提出了真正意义上的格罗斯泰斯特的科学原理，即先提出一个假设，然后通过实验来验证它，而这一原理至今仍然适用。这种方法与希腊哲学家所做的不同，他们是向内心寻求答案——这不仅在当时是主流的科学方法，而且在接下来的四百年里也是如此。

培根对光特别感兴趣，他采用系统的科学方法，借鉴罗伯特·格罗斯泰斯特关于镜片的研究，向人们展示了镜片可以用来改善视力。（在培根的传奇故事中，有一则就是说他为自己制作了第一副眼镜。）甚至有迹象表明，培根可能建造了早期的望远镜和显微镜，远远早于它们公认被发明的日期。他在《大著作》中写道：

> 折射视觉的奇妙之处依然众多，因为上面所述的法则（演示透镜的工作原理）就表明，通过镜片的作用可以使非常大的物体看起来很小，也可以使非常远的物体看起来近在咫尺，反之亦然。我们可以相对我们的视线和观察对象放置镜片，使光线可以向我们希望的任何方向折射和弯曲，并且在我们希望的任意角度下，都可以让我们看到附近或远处的物体。
>
> 因此，调整观察角度，我们可以看到很远距离处甚至比灰尘和沙粒还小的字母和数字……

培根将反射镜和透镜一块一块组合起来，利用几何知识绘制了复杂的数学光路图。他很有说服力地反驳了广泛传播的亚里士多德的观点，即光传播不需要时间。对此，培根提出，光的有些特征与声音相似。培根描述了彩虹是如何通过雨滴的折射和反射而形成的。他还在阿尔哈曾关于折射的研究中注入了新的数学观点。并且培根还对太阳和月亮在地平线附近时看起来更大给出了合理的解释。

培根对光学的贡献无疑是巨大的，但最重要的是，他促进了科学本身的进步，帮助科学从哲学中独立出来，成为一门独立的学科。可以说，培根是第一位真正的科学家。但毫无疑问，他不是一个好科学家。他仍然过分强调权威，经常把实验与经验或口口相传的内容混淆。但如果进入某一领域的第一人就非常擅长该领域，那才令人惊讶呢。考虑到他所面临的巨大困难，他理应在科学领域中拥有比现在更耀眼的位置。

全新视角

大约1420年一个晴朗的日子里，一位杰出的人站在佛罗伦萨的圣母百花大教堂外，这个人就是菲利波·布鲁内莱斯基（Filippo Brunelleschi）。基于对光的理解，他对绘画的发展产生了巨大的影响。布鲁内莱斯基比他同时代的艺术家有更多优势——他不是一个纯粹的艺术家。作为一名建筑师，他热衷于古典设计，对数学形式的正确性有独特的见解，这是他的许多同行所不熟悉的。他习惯了在三维空间中工作，知道当时平面、不自然的画作在视觉上有些错误。

除了设计建筑，布鲁内莱斯基还是一名金属工匠，他参加了1401年佛罗伦萨洗礼堂青铜门的设计大赛。比赛失利后，布鲁内莱斯基便转向了建筑大舞台。当然他依然拥有金属设备加工的专业知识。布鲁内莱斯基无法说服他的同时代人相信他们的画有问题，于是决定建造一台机器来证明他的视觉理论。如果世界不听你的解释，那么只有用实际行动证明。

布鲁内莱斯基经常被人描述为“一个改变了艺术视觉的年轻人”。1415年到1425年间，也就是他38岁到48岁期间，他完成了最好的演示证明，即要成为一个伟大的建筑师，眼睛的准确性非常重要。当他站在鹅卵石铺成的佛罗伦萨广场边时，他手里拿着一个简单而精巧的装置。这是一个足以让20世纪任何一个营销经理感到骄傲的销售工具。布鲁内莱斯基准备用一面反射镜、一块木板和一个小孔来展示透视的价值。

布鲁内莱斯基画了一幅位于广场尽头洗礼堂的镜像图。作为建筑师，他把对空间形式的认识与欧几里得的理论——光沿直线从所见物体传播到眼睛——结合在一起。如果沿着这些直线摆设一系列完全相同的物体，那么越远的物体看起来会越小。同样，在他的图像中，越远的东西必须越小。也就是说，在这里他引入了透视的观点。

这种观点本身就令人印象深刻，但布鲁内莱斯基知道，他需要一种更有效的手段来推广这种观点，以改变人们对绘画根深蒂固的思维。他在画的中间钻了一个小孔，然后把它转过来，让他周围的朋友只能看到画板光秃秃的背面。如果他的朋友把画举到自己的眼睛前，从小孔往外看，可以看到广场上的洗礼堂，以及上方点缀着几朵白云的湛蓝天空，很是壮观。这时，布鲁内莱斯基用一面镜子放在了画作的对面，挡住了朋友们的视线。透过小孔，他们看到的不再是广场上的建筑本身，而是镜子反射出的画作。让他的朋友惊讶的是，他们看到了与刚才完全相同的画面。也就是说，这幅画真实地反映了现实世界。

布鲁内莱斯基的画作理念引发了深远的影响。在此之前，成人的绘画和孩子的随意涂鸦一样，偏离现实。那时的艺术作品反映的是画面组成部分的情感冲击和意义，而不是视觉的光学现实。现在，一幅画可以成为万物的一面镜子。有趣的是，这一时期，布鲁内莱斯基的建筑风格以几何形式为主，他对视线和几何的迷恋甚至延伸到了他设计的佛罗伦萨的伟大建筑中。

将线条透视理论完全归功于布鲁内莱斯基的发现是不公平的。希腊人很早就了解了一些透视原理，另外，也有一些人，特别是和他同时代的画家马萨乔（Masaccio），也已经成功地将透视原理融入他们的作品中。但是布鲁内莱斯基看到了透视原理的真正价值，他把基于透视原理的视觉与技巧结合起来，表现在作品中，因此他脱颖而出。一百年后，当阿尔布雷特·丢勒（Albrecht Dürer）完成了他的《画家手稿》时，对线条透视法的理解已经成为画家技能基础的一个重要组成部分，丢勒甚至考虑将颜料真正放到画布上之前，已经深入研究了几何形式。丢勒建议使用网格来帮助眼睛正确评估透视。可以说，布鲁内莱斯基的建筑观已经主导了艺术。

艺术和眼睛

毫无疑问，另一位伟大的艺术家、科学家——也许是历史上将艺术和科学结合得最好的人——列奥纳多·达·芬奇（Leonardo da Vinci）也很熟悉视觉这个工具。历史上一些艺术家会转向科学，也有许多科学家涉足艺术，但达·芬奇在这两个领域都很出色。尽管如此，他的最爱还是艺术。他研究科学是为了解决实际问题。

达·芬奇很早就显示出非凡的天赋。一个来自佛罗伦萨富裕家庭的14岁孩子（列奥纳多很小的时候，他家就搬离了芬奇镇）没有理由去当学徒，除非他已经有了特殊的天赋——达·芬奇就是这样的孩子。1466年，他开始在安德烈·德尔·韦罗基奥（Andrea del Verrocchio）的手下当学徒。在这位绘画大师和雕刻家的工作室工作了12年后，达·芬奇开始了他自己的职业生涯。达·芬奇独立接到的首个任务是为佛罗伦萨市政厅画一个祭坛。就像他的许多作品一样，这部作品也没有完成。

达·芬奇独立后，在佛罗伦萨待的时间并不长。相反，他给米兰公爵写了一封信，声称自己是一位无与伦比的军事和航海工程师，这肯定是有史以来最虚伪的一封自荐信（哦，顺便说一句，公爵也有一点雕刻和绘画技艺）。达·芬奇虽然通过这种吹嘘的方式得到工作，但他一定对科学有兴趣，作为公爵的首席工程师，他表现出学习技术知识的惊人速度。

达·芬奇一直没有安定下来，在八年的时间里，他游走于佛罗伦萨和米兰之间，如同现代跨大西洋的商人那样散漫。在跟随教皇一段时间后，他最终前往法国为国王弗朗西斯一世工作，1519年死于法国。在他的整个职业生涯中，无论是作为艺术家、工程师还是科学家，达·芬奇都持续绘画和探索科学原理，但他的作品大多是未完成品。现在还不清楚，究竟是跳跃思维让他不停地接受下一个挑战，还是失意的完美主义造成了这样的结果。也许两者都有一点。

达·芬奇的日记和笔记中有一些有趣的记录，表明他可能在光线和光学方面取得了比以往任何时候都要大的进步。两个简短的片段表明，在望远镜被发明的一百年前，他就已经在试验望远镜技术了（尽管近两百年前罗杰·培根就发表过同样引人入胜但更详细的技术评论）。达·芬奇写道：

> 透过镜片，月亮看起来会更大。

他还写道：

> 为了观测行星的特性，打开屋顶，把单个行星的图像放在凹面镜的底部。镜片底部反射的行星图像将显示放大了很多倍的行星表面。

这些都是达·芬奇有趣记录中的点滴，但它们未被完整记录。

出于对生理学的兴趣，以及确信视觉是经验的最终记录，达·芬奇对光最明显的巨大历史贡献是在他之前没有人真正理解人类的眼睛。他得出的结论是，眼睛的工作方式类似于照相机，在眼球的背面投射出一个颠倒的图像，尽管他没有尝试用实验来证明这个想法，也没有解释为什么我们看到世界不是颠倒的。所以，达·芬奇从未掌握眼睛光学的全部内容。他的同胞，本笃会的修道士弗朗切斯科·马若利科（Francesco Maurolico）在达·芬奇去世几年后提出，角膜和晶状体的双透镜结构把光线集中在视网膜上，也就是由大脑控制的眼睛后面的神经。马若利科的理论能够解释，近视眼和远视眼都是由眼球的纵深与晶状体的焦点不一致造成的。马若利科发展了培根眼镜背后的理论，然而这是达·芬奇给他指明了方向。

新宇宙

这一时期，我们对光的理解没有取得重大突破，但仍有少数人独自做出了不朽的贡献，为后人奠定了基础，在此基础上，下一代将隆重地出现在人们的视野中。最后一位贡献者就是尼古拉·哥白尼（Nicolaus Copernicus）。

正是靠着洞察力，哥白尼才建立起了合理的宇宙结构，伽利略后来也由于支持哥白尼被判入狱。1473年，当哥白尼出生在波兰拖恩市（现在的托伦市）的一个小镇时，人们毫不怀疑以地球为中心的宇宙结构，这也是很久以前亚里士多德和托勒密认为的宇宙结构。他们认为万物的中心是地球，月球、太阳和大行星都围绕着地球运转，所有这些都被包围在巨大的恒星轨道中，每一层都是由巨大的水晶球控制的。抛开这些不可思议的概念，实际不需要花费太多心思就能看到天体在围绕着地球运转，包括太阳。像日出和日落这样的概念在人类文化中根深蒂固。但是哥白尼并不准备被动地接受当时公认的“真理”。

读大学时，哥白尼似乎无法坚持一个单一的方向深入研究，他对各种科目都充满了强烈的学习兴趣。在克拉科夫大学学习了四年人文科学后，他没有拿到学位，而是前往博洛尼亚学习教会法。在博洛尼亚，他住在数学教授德梅尼科·玛丽亚·德·诺瓦拉（Demenico Maria de Novara）家里，这位教授对科学动手实践的热情很快就影响了年轻的哥白尼。他们一起研究星空，渐渐地，哥白尼迷上了天文学。在几年内他都异常痴迷于天文学，当和哥哥参观罗马梵蒂冈城庆祝1500年的庆典时，他甚至准备进行一次天文学演讲——尽管令人很难相信，但此时他已经是一个专家了。

天文学对哥白尼来说很重要，但他不想让天文学妨碍他得到更广泛的教育。当时他经舅舅推荐，被选为弗龙堡（也称弗劳恩堡）教堂的教士，这是他舅舅的一个精明之举，因为有了教士的职位，哥白尼就有了基本收入，而且无须在教堂承担什么责任。事实上，在哥白尼真正担任这个职位之前，就得到了二十多年的津贴。哥白尼从博洛尼亚来到帕多瓦学习医学，但正如他在克拉科夫学习人文科学一样，没有获得学位。哥白尼最终获得的是与他职业相关的学科——教会法的博士学位。奇怪的是，这个学位是由一所他没上过的大学——费拉拉大学授予的。当时，名牌大学的学生在其他大学获得学位的行为屡见不鲜。这些学生仍然可以声称自己确实在授予学位的大学学习过，而且这些学位证书也很便宜。

回到波兰后，哥白尼和他的舅舅卢卡斯·瓦策罗德（Lukasz Watzenrode）主教住在位于利兹巴克瓦尔明斯基的宅邸里，哥白尼除了把自己在教会法方面的训练很好地运用在教区的管理上，还兼职做着医生。尽管哥白尼没有接受过完整的医学训练，但他作为宫廷医生很受欢迎，他免费为贫民治疗，所以也很受贫民欢迎。哥白尼要么是在这里，要么就是在他在舅舅去世后不久搬到弗龙堡后写了第一本批判托勒密地心说的书。《试论天体运行的假设》这部长篇大论没有引起太大的反应。至少又过了十五年，他才终于完成了杰作《天体运行论》。即便如此，这本书还是在十三年后，1543年5月24日他去世前才出版。有人说，哥白尼直到临终才出版这本书，是因为他知道这个话题会引起争议，有危险性，但哥白尼不太可能这么狡黠。即便如此，这本书确实引起了很大的争议。

哥白尼认为太阳是宇宙的中心，地球（每天绕着自转轴自转）和其他行星一起绕着太阳转。他没有完全否定托勒密的理论，例如，行星和恒星仍然镶嵌在巨大的水晶球中。然而，哥白尼的变革是根本性的。他的变革太大了，所以当时人们普遍忽略了最重要的部分，即地球绕着太阳转，而只注意到哥白尼理论中看起来实际可行的细枝末节。

关于哥白尼究竟是如何得出这个革命性的理论，人们纷纷想得出答案。诚然，它确实克服了托勒密体系造成的许多问题。如果所有的天体真的围绕地球旋转，显然就没有理由来解释一年中的季节的变化。（这实际上是由地球自转轴倾斜引起的，但后来被用来解释地球公转。）另外，如果行星是绕地球旋转的，则需要一些小技巧来解释为什么它们在天空中偶尔会改变运动方向。水星和金星这两颗内地行星从未远离太阳，这似乎也很奇怪。这一切在哥白尼理论中都说得通，可以说这是想象力的巨大飞跃。

哥白尼的灵感部分来自观察。多少个夜晚，他在寒风中瑟瑟发抖，坐在城里最高的塔楼上，用当时最好的仪器研究行星的运动，然而这些仪器也不过是粗糙的木制品。哥白尼思想的火花最初可能来自古代，尽管希腊人普遍认为地球是宇宙的中心，但阿利斯塔克（Aristarchus）持反对意见。在亚历山大图书馆被毁的过程中，阿利斯塔克关于这一主题的著作与其他著作一起丢失了，但我们知道阿基米德确实有对他的理论的评价。在一本相当奇怪的小书《数沙者》中，阿基米德估算了充满整个宇宙需要多少沙粒，他写道：

> [……]宇宙是大多数天文学家给以地球为中心的球体所起的名字，它的半径等于太阳中心到地球中心的直线距离。也就是说，你从天文学家那里经常听到的宇宙就是这个样子的。但是阿利斯塔克出版了一本书，其中有一些假设认为，宇宙比刚才提到的“宇宙”要大很多倍。他的假设认为，恒星和太阳的位置保持恒定，地球绕太阳作圆周运动，太阳位于轨道的中心，恒星球形系统也和太阳一样，位于各自系统的中心，他认为，地球围绕太阳运动的轨道非常巨大，并且恒星球形系统的中心到表面的距离和地球到太阳的距离成比例。

关于阿利斯塔克的这本了不起的书，我们所能找到的只是一个不怀好意的评论，因此真假不定，多少让人有点沮丧。哥白尼极其准确的原创想法是从哪里来的呢？他应该对阿基米德的著作很熟悉，但这一段小小的评论似乎不太可能引发他的灵感，他的理论成果更多的是取决于他的观察和创造性思维。

然而，同样奇怪的是，无论最初有多么大的思想飞跃，哥白尼的思想在很多年后才被广泛接受。一旦哥白尼理论得以被好好研究，就可以发现它的解释更合理，而托勒密的体系是混乱和不自洽的。哥白尼的理论受到了两个方面的抵抗。一方面是宗教上的反对：地球一定是宇宙的中心，因为上帝就是这样安排的，反对地球是万物的中心几乎是对神的侮辱；更重要的是，《圣经》中有两条经文似乎支持地球中心理论，提到太阳“保持在轨道上”（所以它必须是运动的，而不是固定在万物的中心），而地球是“永恒不动的”。就算哥白尼去世近一百年后，伽利略支持哥白尼的理论依然足以让他入狱。

尽管《天体运行论》是在天主教会的鼓励下写成的，并且是献给教皇的，但还是让哥白尼的一些同事感到紧张。当这本书出版时，编辑设法淡化了他的论点，把理论变成了“假设”，并改写了最初的前言，警告读者不要期望天文学有绝对真理，也不要必然地接受哥白尼的观点是正确的。不过，不久之后，人们对这本书的内容感到越来越不安，当局首先坚持要在那些看起来太阳是中心的描述中加入限定条件，其次又对那些支持哥白尼观点的人施加压力。

哥白尼的理论的另一个问题是，它与古人的观点背道而驰，而当时希腊哲学仍然受到极大的尊重。后来牛顿和其他一些人的激进思想使哥白尼的理论得以广泛传播，最初只是在英国、法国和荷兰传播，最后整个欧洲都在传播。不过，人们接受哥白尼的观点还是一个缓慢的过程，直到18世纪末，他的太阳系理论才获得普遍认可。

哥白尼认为太阳是宇宙的中心，改变地心说的观念，不仅改变了天图，还对光的研究产生了直接影响。正是了解了地球和其他行星是如何围绕太阳旋转，一百五十年后才有可能测量光速。更重要的是，哥白尼把地球移离宇宙中心，象征着人类中心论也被改变了。光，这个总是被拿来主观想象的东西，现在可以被人们客观地进行研究了。罗杰·培根迈出试探性的第一步后，科学时代现在真正开始了。

第4章 光学设备

现在，我想讨论一些光学原理。如果刚才提到的[数学]思索过程是宏伟而愉悦的，那么现在我们有更加宏伟、更加愉悦的事了，因为我们特别喜欢视觉，因为光和颜色具有一种特殊的美，这种美超出了其他事物带给我们的感受。

——罗杰·培根

人的眼睛是个神奇的器官，但它能看到的范围终究十分有限。随着光学的蓬勃发展，科学家接连制造了延展视力的设备。文艺复兴时期的科学中，光学设备是显微镜和望远镜。理论上，这些先进的设备应该更早就研制出来了。培根时代之前就已经有了基本的透镜，而放大镜的历史可以追溯到阿基米德时代。我们之前已经看到，培根和达·芬奇可能制作过望远镜和显微镜的雏形。

即便如此，在16世纪后半叶，在信奉新教的欧洲国家，探索内部和外部空间的仪器不断出现，人们也应该是见怪不怪了。哥白尼把地球移离宇宙的中心，开阔了人们的眼界和思想。随着对自己在万物中地位的理解的转变，我们自然会对外面的世界产生更大的兴趣。同时，镜片的生产技术也得到了充分的改进，人们可以把多个镜片整合在一起。总之，舞台已搭好。

复合视图

把两个透镜简单地放在一个管子里，增强了我们探究微观生命的能力。这种复合仪器使用多个镜片增加放大率。在双透镜显微镜中，靠近被研究对象的透镜在它的另一侧产生一个放大的图像。第二个透镜，也就是目镜，就像一个放大镜，再次放大这个已经放大的图像。

复合显微镜最初是汉斯·詹森（Hans Janssen）和札恰里亚斯·詹森（Zacharias Janssen）父子发明的。他们是荷兰镜片研磨师。如今人们倾向于认为是札恰里亚斯发明的，因为他一直在从事光学仪器的研制，但1590年左右，当第一台复合显微镜装配完成时，他还只是个孩子，所以这个荣誉大部分应该是他的父亲汉斯的。另一个经常与早期显微镜联系在一起的名字是安东尼·范·列文虎克（Antonie van Leeuwenhoek）。1674年，他发现了细菌，事实上，这是最早使用显微镜取得的突破之一，但列文虎克使用的仪器并没有什么特别之处，它只有一个透镜，甚至比立在架子上的放大镜强不了多少。

看得更远

比起显微镜，望远镜的起源远不是那么明确。即使没有辅助设备，眼睛也可以看得很远。在一个晴朗、无污染的夜晚，肉眼可以看到大约14千米外蜡烛的火焰。大约6个光子就足以触发视觉神经。要想知道6个光子有多少，请记住，一个100瓦的灯泡每十亿分之一秒就会发射出大约1000亿个光子。由于眼睛对相对亮度的补偿方式不一样，所以我们有时不知道眼睛的作用有多大。例如，满月的月光比阳光弱30万倍，但我们在月光下仍然可以把物体看得很清楚。然而，当涉及遥远的太空时，眼睛就需要仪器辅助了。就像把两个透镜组合成显微镜打开了微观世界一样，透镜和反射镜组合也可以让我们看到原本看不见的遥远物体。

望远镜的类型主要有两种：折射式望远镜和反射式望远镜。折射式望远镜是用一系列透镜放大远处的图像，反射式望远镜是用曲面镜聚集光线，放大远处的图像。早期最著名的望远镜是折射式望远镜，比如汉斯·利普希（Hans Lippershey）制作的望远镜，因此，他的名字经常出现在历史书中，他被认为是望远镜的发明者。不幸的是，至少在这方面，大多数历史书都错了。

17世纪初荷兰的光学行业惊人地繁荣，在不到一百年的时间里，荷兰成为光学技术的中心。这个国家以前从未有过，以后也不会再有这样的极具科学价值的时代了。在那段时期，一种特殊的设备可以集中在一个国家甚至一个城镇生产。荷兰的透镜研磨业务空前的成功意味着研究光学原理的特殊时机到来了。

像许多荷兰眼镜制造商一样，利普希做了各种镜片组合的实验。然而，由于利普希会推销自己，他才获得了发明望远镜的荣誉。就像臭名昭著的亚美利哥·韦斯普奇（Amerigo Vespucci）以他的名字命名了美洲一样，这些都只是他们自己声称的，真实性高度可疑。当然利普希从无耻的自我声称中获益，想成为发明望远镜的人，但这件事一开始就有负面报道。他声称自己有一项专利，但另外两名眼镜制造商札恰里亚斯·詹森和不太知名的雅各布·阿德里安松（Jacob Adriaanzoon）都声称自己已经有类似的发明。尽管这些声明都不能得到证实，但也证明不了他们撒谎，利普希的专利也没有被批准，因此他感到郁闷。

事实上，望远镜的制造可能比荷兰的这波发明浪潮要早得多。正如我们所见，罗杰·培根和列奥纳多·达·芬奇都提到过透镜和反射镜的使用，早期可能也制作过一些望远镜的原型。然而，望远镜最有可能的发明者是英国的伦纳德·迪格斯（Leonard Digges）和托马斯·迪格斯（Thomas Digges）父子。伦纳德是一名冒险家，他非常幸运地在一场反对玛丽女王的失败革命中幸存下来。托马斯是一位著名的学者，也是当时哥白尼在英国的主要支持者。

伦纳德死后，托马斯描述他父亲的作品时，声称他们使用了“透视眼镜”来看到远处的物体。伊丽莎白女王的宫廷注意到了这项发明的军事潜力。军事技术专家威廉·伯恩（William Bourne）对托马斯的说法进行调查时，描述了该望远镜及其局限性（视野非常狭窄），这表明确实有一个设备可供他调查，而不仅仅是托马斯的一个口头说法。另外，科林·罗南（Colin Ronan）的详细研究也表明，迪格斯家族确实有理由声称是他们制造了第一台真正的望远镜。他们的仪器虽然非常简陋，只是用透镜和反射镜简单组合起来，但在历史上却有着重要的地位。

反射式望远镜

利普希制作的折射式望远镜有一个问题：要让望远镜的观测能力越强，镜筒就要制造得越长。在望远镜普及后的五十年里，尖端的望远镜就有150英尺（约46米）长，因此它们极其笨重。而反射式望远镜是用曲面镜将入射光线聚焦在一点，从而解决了这个问题。已知的第一台反射式望远镜（如果我们忽略迪格斯组装的设备）是由苏格兰科学家詹姆斯·格雷戈里（James Gregory）设计的。为了制造一台可用的反射式望远镜，格雷戈里必须攻克一个实际困难：曲面镜是将光线聚焦在入射路径上的一点，如果你在那里伸头看结果，就会阻挡入射的光线，那么你什么也看不见。为了避免这种情况，需要某种机制来让光线从望远镜中反射到你的眼中。格雷戈里用了一个小反射镜，将光线通过主镜中心的小孔反射到望远镜的后端。

但几年后，真正让反射式望远镜取得成功的是牛顿。牛顿的望远镜消除了折射式望远镜产生的彩色条纹（因为白光通过棱镜或透镜后，不同颜色的光偏折的角度不同，参见第86页）。牛顿没有用主镜上的小孔来观察，而是使用了一个小的平面镜，设置好角度，让光线偏转90度从镜筒的一侧反射出去。为了纪念他，这种反射式望远镜被称为牛顿式望远镜，现在小型牛顿式望远镜仍然很受欢迎，尽管大型的专业望远镜大多是在格雷戈里设计基础上的改良版，由法国的卡塞格林所发明。同样，卡塞格林望远镜也是让光线通过主镜上的一个孔反射出来，但是反射镜是一个距离主镜较近的凸面镜，这使得望远镜的镜筒可以变得更短。

经过17世纪的发明狂潮之后，光学望远镜相关的基础科学几乎没有进步。尽管今天望远镜已经比以前大很多，例如，帕洛玛山200英寸（5米）望远镜多年占据世界上最大望远镜的位置，直到最近才建成了约330英寸（超过8米）的望远镜。为了消除大气造成的天体图像扭曲，有时要把望远镜送入太空，光学技术也同样需要发展。现代的望远镜可以重达数百吨，在计算机的协助下，人们可以高精度移动这些望远镜；同时，电子照相机和传感器已经取代了观测者的眼睛，望远镜技术大幅度提升。并且现在有了一项革新的技术——自适应光学，可以用来克服地基望远镜所面临的一些问题。

想象一下，在一个炎热的日子里，你看着一条又长又直的路。路面似乎在摇摆，路面上似乎有液体，这是因为路面上方的空气在抖动。由于大气抖动，我们在地面上很难得到清晰的天体图片，自适应光学望远镜可以消除视觉扭曲，稳定图像。有了强大的计算机后，自适应光学使用一系列计算机控制技术来得到清晰的图像。在一些望远镜中，光线首先被传统的镜面反射回来，我们可以非常迅速地控制反射镜面，改变其倾斜角度，来消除抖动。然后，光线照射到第二块可变形的柔性镜面上。传感器会在光线照射到镜面前对光线进行采样，并监控一组容易识别的点的位置，当这些点产生移动时，镜子会扭曲以消除这些位移。通常情况下，一秒钟之内可能需要数百次调整镜面的弯曲形状。

除光学望远镜以外，其他波段的望远镜也取得了很大的进展。现在，望远镜几乎可以在任何一个光谱波段工作。接近可见光波段的望远镜——例如红外望远镜——与传统的望远镜非常相似，但其他波段的望远镜实际上只是名义上的望远镜，和传统望远镜差别很大。射电望远镜是一些超灵敏的天线，它们使用巨大的碟形天线将射电波聚焦到接收器上。有一段时间的射电望远镜的发展趋势是建造越来越大的天线。英国的焦德雷·班克望远镜是最著名的射电望远镜之一，它的口径有200英尺（约61米），可以灵活地指向任意天空区域，但它与位于波多黎各阿雷西沃的1000英尺（约305米）口径射电望远镜相比就相形见绌了。随着一些小天线阵的发展，这些庞然大物在很大程度上已经变得多余，因为计算机可以整合小天线阵的观测结果，达到大口径天线的观测能力，此外，小天线阵可以覆盖更大的天区，而且建设成本更低。

现在，望远镜已经不仅仅是探索太空的工具了。宇宙是如此之大，光横穿宇宙需要数十亿年的时间，因此通过望远镜观察遥远的天体，就像用时间机器回溯过去一样。所以，现在望远镜在科学宝库中所占地位和17世纪一样重要。

科学和金融

如果有人问谁发明了望远镜，得到的答案不大可能是利普希或迪格斯，大多数人可能会把这项发明归功于伽利略。虽然伽利略·伽利雷（Galileo Galilei）不是第一个设计望远镜的人，但他发挥了望远镜的特殊功能，并把望远镜的观测能力和结果高效地推广普及。伽利略的故事总是和金钱（或缺少金钱）相关。1564年，他出生于一个并不是特别贫穷，但也不是很宽裕的家庭。伽利略的父亲文琴佐（Vincenzo）是比萨的一位宫廷音乐家，比萨是意大利著名斜塔的所在地。虽然温琴佐的薪水不高，但工作受人尊敬。

尽管如此，家里还是有足够的钱让伽利略接受常规教育，父亲希望他成为一名医生。伽利略也听从父亲的安排，报考了比萨大学医学院，但很快他就发现自己的兴趣不在医学上，而迷上了数学。温琴佐自己也很喜欢这门学科，但他坚持认为伽利略应该从事一份报酬更高的事业。伽利略不顾父亲的意愿，继续学习数学，最终没有拿到学位就离开了比萨大学。

在大学里，伽利略不喜欢古典的授课方式，但这种方式在当时没有受到任何质疑。古希腊人的哲学，尤其是亚里士多德的哲学，在学术界占据了绝对的主导地位，他们把所有的论据都置于人类的想象力上，而没有对观点进行任何检验。如果某件事被认为是真的，在亚里士多德看来，它就是真的。由于亚里士多德哲学的许多元素与教会宗义吻合得很好，因此质疑他的方法可能会有危险，因为这是一个宗教掌权的时代。伽利略的感受与他的父亲温琴佐的感受一样。温琴佐曾在书中写道，那些完全依赖权威的人“行为非常荒谬”，但这是在一本关于音乐的书中写的，这本书的影响比较小，因此没有使他置于危险之中。

对伽利略来说，科学的核心是实验。当他不用发明设备，尤其是给军方发明设备来增加自己的收入时，他总是在修补已有设备并用它们来观察。后来伽利略有了正式的工作——担任帕多瓦大学数学系主任。但作为系主任，他喜忧参半。在数学系，伽利略要承担大量的教学工作，用来研究的时间就比较少。不久之后，他父亲去世，他不仅要为妹妹们准备嫁妆，还要供养他自己不断增多的私生子。为了有更高的经济收入，又能有更多的时间用于研究，伽利略开始寻找新的职位。他对托斯卡纳宫廷数学家这个职位很感兴趣，当然这不是他一时兴起，他的父亲曾为托斯卡纳公爵工作，而且伽利略正是在当初遇到了当时的宫廷数学家奥斯蒂利奥 · 里奇（Ostilio Ricci）之后，第一次感受到数学的乐趣。

公爵夫人克里斯蒂娜（Christina）请伽利略给她的儿子科西莫

（Cosimo）上课，因此伽利略得以进入宫廷。伽利略和科西莫相处得很好，不到四年后，科西莫成了大公，这对伽利略来说是一笔无形的宝贵财富，证明他的选择是多么明智。伽利略很好地完成了本职工作，但是宫廷并没有马上给他相应的报酬，而他对资金的需求又非常迫切。所以当一个明显快速致富的机会出现时，伽利略不顾声誉、毫不迟疑地采取了行动。这样的结果是他的名字永远和望远镜联系在一起了。

击败对手

正如我们所见，此时望远镜可能已经存在了五十年，并且荷兰人还在争夺望远镜的发明专利。现在，这些神奇仪器的消息传到了意大利南部。伽利略所在的帕多瓦曾是威尼斯共和国的一部分，伽利略经常在威尼斯，他要确保自己在这里的圈子里是受欢迎的人。一天，有人给他看了一封描述望远镜的信，他立刻看到了望远镜在商业和军事上的潜力。大海对威尼斯的权力基础至关重要，无论是和平时期还是战争时期，水手们都希望手里有一台性能良好的望远镜，因此可以把望远镜高价卖给他们。

伽利略经济自由的梦想很快就面临危机。他听说一个荷兰人正在帕多瓦演示望远镜的使用。伽利略从威尼斯奔向帕多瓦，但就在他出发的时候，荷兰人似乎像在逗伽利略一样，离开帕多瓦去了首府威尼斯。得知消息后，伽利略匆忙采取行动。凭着商人的敏锐嗅觉，他清楚地知道荷兰人想要做什么——把他的望远镜卖给威尼斯的总督。伽利略的机会来了：他不仅是个技术天才，同时也有一定的运气，进行商业运作时这些因素都会发挥作用。

伽利略开始把他的各种透镜组合在一起，尝试不同的组合和安装方式。当他尝试将凸透镜和凹透镜组合在一起时，好运来了。荷兰人使用的是一对凸透镜，可以产生上下颠倒的图像。对天文学来说，看到这样的图像无关紧要，但要在海上搜寻船只时看到这样的图像，就令人恼火了。伽利略的组合方式使人可以在望远镜里看到正向的图像。与此同时，那个荷兰人已经和威尼斯宫廷接洽上了，这时伽利略的人际关系就用上了。他的一位密友——保罗·萨尔皮（Paolo Sarpi）修士，被威尼斯当局要求研究这个荷兰望远镜。萨尔皮私下将这个望远镜制造商排挤到一边，让伽利略得以向威尼斯的参议员们展示他在一天之内造成的望远镜。

伽利略的展示极其成功。那些上了年纪的参议员们兴奋不已，争先恐后地爬上屋顶，用望远镜寻找远方地平线上的船只，就像得到新玩具的孩子一样。当时，伽利略可以为他的新发明漫天要价，但他却表现出了出色的商业判断力，把望远镜装在一个漂亮的皮箱里作为礼物送给了总督。后来，他的投资得到了回报：他在帕多瓦的职位延长至终身，并且薪酬翻倍，这当然比卖一台望远镜的报酬要丰厚多了。

至少，伽利略此时是过得更好了，但还是有一些实际的困难，因为伽利略第二年才会得到加薪，而留在帕多瓦将意味着他需要继续教学，这就会不停地打断他所青睐的实验与社交活动。对伽利略来说，这个职位仅仅是一条退路，他依然没有放弃寻求托斯卡纳宫廷给他提高待遇的可能性。

《星际使者》

伽利略不仅让科西莫公爵有机会使用他的下一个望远镜，还小心翼翼地让这个托斯卡纳公爵成为他的靠山。1610年初，伽利略用一架新的、更为强大的望远镜发现了木星的四个最大的卫星。他在著作《星际使者》中写道，他把自己的发现慷慨地献给科西莫。他精明的逢迎在几个月后得到了回报，使他得以兼任比萨首席数学家和科西莫的宫廷数学家，也就是说在帕多瓦他可以照常领取工资，薪水是预付的，并且没有教学任务。

从那时起，伽利略的经济有了保障，他可以专注于各种感兴趣的课题。在帕多瓦时，他曾尝试测量光速，但没有成功。虽然他还在继续制造和使用望远镜，但更多的精力投入到了行星的运动和地球力学方面。他对光学没有进一步的贡献，唯一一次研究光是在获得托斯卡纳的职位后不久。1611年，他带着一个神秘的盒子来到罗马，在黑暗的房间里展示的内容让观众大为惊奇。

盒子里装着被称为“太阳海绵”的矿物质——硫化钡，是博洛尼亚人在印度发现并把它带回来的。这块太阳海绵之所以引人注目，是因为即使在温度很低的情况下，它仍然会在黑暗中发光。当时发生了什么我们不得而知，但它让伽利略认为光的产生和物质分裂成原子之间存在着某种关系，这个猜想非常接近实际情况了。在这次罗马之旅中，伽利略被获准谒见教皇，并成为猞猁学会的会员。

伽利略继续他的调查研究，除了写作和社交外，二十年来他的生活没有发生其他事，但他发表的观点总是处于宗教限制的边缘，时而会反叛宗教教义，时而又符合宗教教义，这是由于他的观测越来越表明哥白尼的太阳系理论是正确的。毕竟，如果木星的卫星是围绕着木星旋转，而不是绕着地球旋转，那为什么要认为所有东西都以地球为中心呢？到1630年，伽利略已经准备撰写这一理论。他特别谨慎，要让教皇和所有相关的权威人士都对他的工作感到满意。他想用一种自希腊以来就普遍存在的风格写这本书：这本书会以两个角色之间对话的形式展开，其中一个持哥白尼的观点，另一个持亚里士多德和托勒密的古典观点。

伽利略的书通过了官方审查机关的审查，并在出版前按要求做了修改。但令人惊讶的是，对于一个有如此社交能力和政治手腕的人来说，他在书中耍了个滑头，却在很大程度上影响了他。这个代表古典观点的人物叫辛普利西奥（Simplicio）。虽然历史上真的有一个希腊哲学家叫这个名字，但大家会认为伽利略是在借此给那些持有传统观点（也就是教会的观点）的人贴上古典观点的标签。更糟糕的是，在审查员的要求下，伽利略还添加了一个附言，强调教会支持古典宇宙模型。这些可以说是教皇自己说的话并不是一个中立的附言，并且还是出自辛普利西奥之口。一向在政治上精明的伽利略，就这样暴露了自己的观点。没过多久，伽利略的学说就被指控为异端邪说。

审判明确表示伽利略是安全的，因为他的书不仅通过了官方审查，而且他还有书面证据：他的言论还处于假设状态，前任教皇同意发表他的言论。但是对异端邪说的审判总是要按照宗教意愿进行，所以伽利略还是被判有罪。在宣判之前，伽利略承认自己做得太过分了。因此，他没有被绑在火刑柱上烧死，而是被判终身监禁，最初是被监禁在托斯卡纳大使馆，不久后被禁足家中。在余生的九年里，伽利略专注于他的工作，写下了伟大的运动理论。甚至在失明后，伽利略都一直在做实验、进行发明。他死于1642年。三百五十年后，教皇约翰·保罗二世才承认伽利略的观点是正确的，给他进行了平反。

实用哲学

奇怪的是，伽利略对科学的实践方法由勒内·笛卡儿（René Descartes）发扬光大，而我们现在认为笛卡儿基本就是个哲学家。孩提时代，笛卡儿几乎没有时间去他的家乡——法国图赖讷地区的拉哈伊体验大自然。1602年，笛卡儿八岁时，出身于贵族家庭的他就进入安茹的拉弗莱什耶稣会学校学习。之后，笛卡儿又到普瓦提埃大学学习法律，但他的梦想是从事军事相关的工作。所以离开大学后，他就马上加入荷兰统治者莫里斯王子的军队。

事实证明，军队生活并没有笛卡儿得到的许诺那么吸引人。笛卡儿很快回到了法国，也许是受耶稣会学校训练的启发，他开始对自然哲学产生了浓厚的兴趣。不过，尽管笛卡儿并不想待在莫里斯王子的军队了，但他感觉荷兰还是非常有吸引力的。32岁时，笛卡儿又回到荷兰，并在那里度过了余生。笛卡儿的从军经验除了给他带来灵感外，还有一个好处就是鼓励他动手实验来理解眼睛的视觉。

列奥纳多·达·芬奇曾提出，眼睛的工作原理很像一个照相暗箱，这个想法后来得到了德国天文学家约翰内斯·开普勒（Johannes

Kepler）的支持（开普勒证明了行星运行轨道不是圆形，而是椭圆）。笛卡儿用图解法证明了照相暗箱理论。他从屠宰场买回公牛的一只眼睛，刮掉了血腥的眼睛背面。笛卡儿发现物体光线通过公牛眼睛后在屏幕上显示的是模糊的颠倒图像。与开普勒和达·芬奇一样，笛卡儿也发现眼睛和照相暗箱的相似之处，但他进一步证明了图像是通过眼睛前部的晶状体投射到视网膜上的。

笛卡儿也清晰地描述了光的镜面反射方式，入射光线和反射光线与镜面所成的角相同，虽然最早阿尔哈曾也观测到这个结果，但笛卡儿是公认的写下这个定律的第一人。可惜，他随后对光的性质的解释就没那么直白了。

运动倾向

笛卡儿思考的是从遥远的点光源（如恒星）发出的光进入眼睛的过程。他设想真空中有一种无形的“东西”，他称之为“实空”。他认为，光是实空中的一种“运动倾向”，会让眼球受到压力，从而眼睛会感知到光。虽然笛卡儿的理论站不住脚，但通常人们认为这是现代光学的起点，因为它只涉及光源和传播介质，而以前从未有人明确表述过它们。

如果笛卡儿是对的，那就意味着光必须瞬间从光源运动到眼球。这就好像有一个巨大的隐形斯诺克球杆，从恒星光源一直伸到观测者的眼睛，当恒星推球杆的一端时，另一端会立即推眼睛。实际上，笛卡儿认为他的“球杆”——实空——是由大量微小的、不会变形的、看不见的小球组成的。他想象整个空间都充满着这些小球。对其中一个小球施压，压力会经过数百万个小球传递后，到达想要传递到的目标。这些小球就好像起因和结果可以通过一个物体来连接。他想，光实际上并没有运动，只是引起了运动，有点像某人的手压在你肩膀上，身体其他部位也能感受到压力。这个推力本身并不是运动，只是激起了运动，用笛卡儿的话来说，是运动倾向。

虽然笛卡儿曾费了很大的力气研究公牛的眼球，但通常他都很少有时间去做实验，他更喜欢用希腊人的方法——纯靠思索——处理问题。尽管如此，他还是发展了一套方法来解决光在从空气到水或玻璃传播的过程中发生偏折的奇特性质，即光的折射现象。从托勒密开始，许多伟大的思想家都没有想到解释方法，虽然阿尔哈曾提出过一个合理的理由解释为什么光会偏折，但没有人成功地预测到光会偏折多少。笛卡儿认为，入射光的角度和物质中光线的折射角度之间存在着固定的关系（图4.1），或者更确切地说，是这两个角度的正弦存在固定关系。

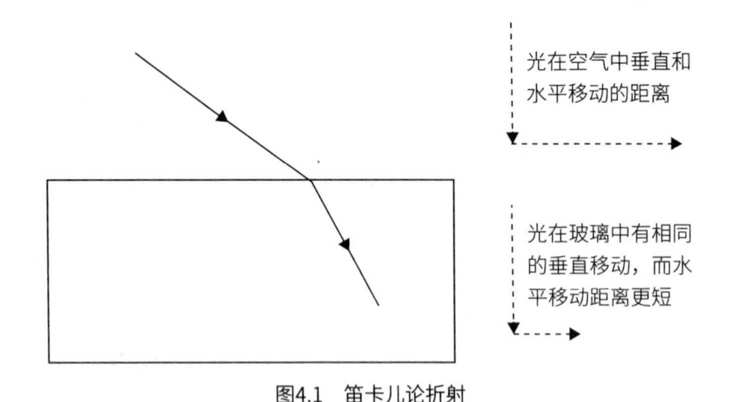

图4.1　笛卡儿论折射

“正弦”是一个几何术语。想象一个直角三角形，除直角外的角的正弦等于这个角对边的长度除以最长边（斜边）的长度。90度角的正弦值是1（最长的边总是90度角的对边），正弦值随着角度的变小而变小。笛卡儿发现光线射入玻璃时，入射角的正弦值总是与光线在玻璃中折射的角度的正弦值成比例。他能得出这些结果实在是太不可思议了，因为他的论点的依据是，假设光在玻璃中的运动速度和在空气中的运动速度是不同的。

由于笛卡儿认为光根本没有运动，因此以上结论是不自洽的。然而最终他还是想出了让自己满意的一个说法：虽然光不动，但它有“运动倾向”，所以可以把它当作是运动的。实际计算过程中，笛卡儿却把方程中的速度参数计算错了，错误地假设光在玻璃中的“运动倾向”比在空气中的快，如果不满足这个假设，他就修正方程。其实，笛卡儿关于光在玻璃中比在空气中运动得快的假设，也不是很奇怪。因为他认为，光只能存在于物质中，无论是在他的不可见的实空中还是在玻璃中。他认为，物质越多，光就越容易运动，玻璃中的物质显然比空气中要多。

然而，令人惊奇的是，在没有实验的情况下，笛卡儿就得出了正确的光线偏折关系。也许纯属巧合，但另一个人——荷兰的威里布里德·范·罗伊金·斯涅尔（Willebrord van Roijen Snell）——也同时提出了光线偏折关系。如果说是笛卡儿用斯涅尔的结果来论证自己的论点，可能失之偏颇（与笛卡儿不同，斯涅尔得到了光在玻璃和空气中速度的正确比例）。有趣的是，光线偏折规则现在被称为斯涅尔定律而不是笛卡儿定律。斯涅尔是莱顿大学的数学教授，关于他的生平和工作的记录不多，他的作品大部分已经丢失，但可以确定的是，斯涅尔在得到正确结果之前做了很多实验。

费马和海岸救生原理

现在我们对反射和折射的理解都很透彻了。理论上解释反射和折射的最后一步是由皮埃尔·德·费马（Pierre de Fermat）完成的，他是世界上最伟大的数学家之一，可能也是世界上最自大的人之一。费马因“费马大定理”而闻名于世。费马大定理问题实际上可以追溯到古希腊，但费马以漫不经心的方式写了出来后没给出证明，激起一代又一代的数学家去挑战解决它。1993年，英国数学家安德鲁·怀尔斯（Andrew Wiles）最终证明了这个看似简单的数学猜想。

除了数学迷，没人会对费马大定理的细节感兴趣，但费马认为挑战和竞赛本身会很吸引人，后来的书和电视剧也证明这个问题确实吸引了很多人。费马喜欢用他的智慧吸引别人的挑战。在希腊作家丢番图（Diophantus）的《算术》副本中，费马注释道，虽然一个数的平方可能是其他两个数的平方之和，但类似的关系在立方或者更高次幂上不成立，如一个数的立方不能分解成两个数的立方之和。然后他又写了一句拉丁语，引发了后世对费马大定理证明的不断尝试：

> Cuius rei demonstrationem mirabilem sane detexi hancmarginalis exiguitas rum caperet——关于这个命题，我有一个绝妙的证明，可惜这里页面空白太小了，写不下。

至于“费马大定理”究竟是这位伟人的自夸，还是只是开了一个玩笑，我们不得而知。当然，1993年给出的证明对于17世纪的数学家来说，就像对于现在的任何一个数学外行人一样难以理解。但是费马已经充分展现了他的逗人本领。幸运的是，他对折射阐述得更明白，通过一种和前人完全不同的方法，把折射与反射统一起来。当时费马很不喜欢笛卡儿，出于费马的个性，他对折射发生兴趣似乎主要是为了刁难笛卡儿。他觉得笛卡儿的描述太不精确了，前后不一致（先说光没有可测速度，但随后又用比较速度的方法“证明”了折射的机理），而且笛卡儿用的是类比，而不是通过严格的证明得到结论。

在看到费马的结果之前，我们有必要回顾一下他的研究方法。这是因为伟大的突破往往是用完全不同的方法研究问题时产生的，这些方法可能不需要任何新理论，但从问题中会突然引发新的理论。费马所使用的方法对于探索世界是一种异常强大的手段。多年后，理查德·费曼用同样的方法来解释光的基本性质。这种方法就叫作最小作用量原理或最短时间原理，它所蕴含的意思是：大自然是懒惰的。

在固体的世界里，最小作用量原理描述了为什么篮球会在空中沿着特定的路线运行到篮筐。篮球沿着这条路径上下运动，整个过程中它的动能（使它运动的能量）和势能（向下施加的重力使它拥有的能量）之差的总和最小。动能随着球运动加快而增加，随着球运动减慢而减小。势能随着球在空中的高度上升而增加，随着球的下落而减小。最小作用量原理在动能和势能之间建立了一个合乎逻辑的平衡。

这个原理也可以应用到光的传播上。整个折射过程一开始似乎很奇怪，光在空气中正常沿着直线传播，以一个角度射到玻璃上后，突然，不知什么原因，它没有继续沿直线传播，而是改变了方向，偏向玻璃内。在应用最短时间原理之前，还不能解释偏折的原因。最短时间原理说的是光到达目的地的过程中选择速度最快的路径传播。必须有两个假设，费马才能应用这个原理，即光的速度有限（1661年，费马得出这个结论时，光的速度还没有被测量到），此外，光在致密物质如玻璃或水中的传播速度比在空气中慢。

习惯上，我们认为两点之间运行最快的路线是直线，但这里有个假设，就是运行过程中的所有条件都相同。而在折射过程中，光在空气中传播的速度比在玻璃中要快，所以，条件有变化，直线不再是最快的路线了。要了解为什么会这样，可以把光的传播过程比作救生员抢救落水者的过程。看到有人落水，救生员最直观的救生路线是径直朝溺水者前行。但是救生员在沙滩上跑的速度显然要比他在水里跑或者游的速度要快得多。救生员跑的路线稍微偏离溺水者，在沙滩上多跑一段路，然后再转向水里，在水里的路程短一些，这样救生员就能更快到达溺水者处进行救援（图4.2）。（这和费马的方法很类似，所以费马原理有时也叫“海岸救生”原理。）

同样，我们可以假设两种情况：一是光线也可以从空气中的一点出发沿直线到玻璃中；二是当光线在空气中传播的方向基本跟玻璃界面平行，然后偏折射入玻璃到达相同的终点。从第一种情况到第二种情况，入射角度在变化，光在空气中的旅程将会更长，而穿过玻璃的旅程会更短。而且，因为光在空气中运动得更快，它沿着曲折的路线传播要比沿着直线传播的时间更少。但是如果在光线偏

图4.2　海岸救生原理：实线是最快的救生路线

折大的情况下，它必须在空气中传播很远的距离，才能保证在玻璃中传播的时间短一些，总的传播时间也不是最小。总之，传播时间最小时的角度正是发生折射时的实际偏折角度。

冰洲石的奇异事件

随着费马将数学巧妙地应用到困扰了观测者两千年的折射问题上，人类似乎已经揭开了光的所有重要秘密。的确，没有人知道光真正是什么，但现在可以预测它的行为了。这样关于光的科学问题就少了一个，但是要真正了解光可不那么容易。1669年，伊拉斯谟·巴托林（Erasmus Bartholin），一个来自斯堪的纳维亚的狂热实验者，发表了一篇题为《结晶岛的实验》的文章，认为自己在光学上取得了突破。巴托林认为，光有两种类型，它们的外形相同，而表现形式不同。

巴托林的想法很有挑战性，要经受“奥卡姆剃刀”的检验。奥卡姆的威廉（William of Ockham）是与培根同时代的人物，被称为“无敌博士”，他提出的“奥卡姆剃刀原理”非常强有力，原理的内容为：如无必要，勿增实体。更直白地说就是我们应该采用最简单原理解释现实世界。那么，对于光，最具智慧的解释应该是光只有一个实体。它可能有不同的颜色，包括可见的和不可见的，但这都属于光的基本现象。然而，奥卡姆剃刀原理只是方便选择解释自然的不同理论，而不是检验真理时不可挑战的规则，另外，巴托林也有实验观测。

巴托林得到的结论是冰洲石的奇异特性造成的。巴托林对晶体很着迷，尤其是冰洲石这种形似扭曲砖块的透明方解石。方解石是一种很常见的天然碳酸钙矿物，在地球上的数量仅次于石英。它是石灰岩和大理石的主要成分，在海里还会产出复杂的贝壳结构。尽管方解石是常见的矿物，巴托林还是通过它透明的结晶形式得出了一个奇怪的结论。

巴托林把冰洲石放在一张画了一条直线的纸上，然后看到这条直线因为折射作用而稍微偏移了一些，对此巴托林没有感到奇怪。但他意外地发现，他看到的不是一条直线，而是两条。好像真的有两种类型的光，通过晶体后其中一种光会偏折得更厉害一些。在差不多同一时期，牛顿观察到光通过棱镜后分成了不同的颜色，而巴托林只观察到了两个清晰的图像。

此后两百年，科学界都无法解开巴托林观测结果背后的真相。

巴托林首次尝试解释两种类型的光的概念，然而，这种现象可能在很久以前就已经被应用到实际中了。维京人拥有一种特殊的宝石，叫太阳石。虽然还没有发现关于太阳石的详细信息，但有人认为它可能就是冰洲石——太阳被云层遮住时用它来观察太阳，从而进行导航。

可以肯定的是，透明的方解石结晶在第二次世界大战期间得到了充分利用。透过方解石所成的第二个图像的位移程度取决于通过方解石看到的物体的距离。因此，冰洲石可以用于投弹瞄准器——这是一种挂载在轰炸机上估计目标距离的简单设备。即使在今天，专门的光学仪器也使用冰洲石来分离图像，并且效果很好。

冰洲石的秘密也被与牛顿同时代的惠更斯探测到了，最终是维多利亚时代的科学家解释了它。然而，它奇异的特点被一场震惊科学界的攻讦辩论给掩盖了。一场关于光和颜色本质的口水战即将爆发。

第5章 看得更远

自然与自然的定律都隐藏在黑暗之中。

上帝说：“让牛顿来吧！”于是，一切变为光明。

——亚历山大·蒲柏

为艾萨克·牛顿爵士写的墓志铭

因为有光才有了望远镜和显微镜，它们打开了通向物理世界的大门，却没有触及神秘的光本身。一场瘟疫让一位年轻的英国人在家里困了两年，但他却利用这段时间拨开了三千年的哲学迷雾，引发了科学界有史以来最激烈的争论之一。

艾萨克·牛顿的家不太可能是科学天才的摇篮，这一点是显而易见的，尽管浪漫主义的光芒掩盖了他的大部分生活。后世对牛顿的生平编排过多，受到这样编排的其他科学家可能只有爱因斯坦了，只是现代新闻界更具鉴别能力，因此爱因斯坦的故事更具真实性。牛顿的人生故事像黄金时代的电影明星一样不断被重写；要看到真相，我们必须仔细琢磨那些过于光辉的历史。

乡绅

牛顿早年所受的教育是让他成为一个农民，而不是一个教授。然而，在他漫长的一生中，独立和坚毅的个性特征正是在早年形成的。他的家在林肯郡伍尔斯索普村的一个大农场里，严格说来这是一所庄园。后世对牛顿家园的模糊描述恰恰反映了牛顿家族的社会地位。在牛顿的父亲老艾萨克娶了汉娜·艾斯库（Hannah Ayscough）以提升自己家族的地位之前，这个家族已经有四代人处于上流社会的底层了。

牛顿父母的婚姻对双方家庭都有帮助。艾斯库家较高的社会地位提升了牛顿父亲在林肯郡的社会地位。而艾斯库家缺钱，生活比较困苦，老艾萨克的财富对艾斯库家也比较有吸引力。如果不是因为艾斯库家有把孩子送进大学学习（在那个时代，送进大学意味着到牛津或剑桥学习）的传统，年轻的艾萨克·牛顿很可能一辈子就在伍尔斯索普度日，过着无聊的乡绅的生活。至于这是否是他父亲想要他做的，我们就不得而知了。他的父母于1642年4月结婚，婚后不到一年，牛顿的父亲就去世了。

老艾萨克到底是怎么死的，历史没有记载。牛顿本人也试图掩盖这段时期的生平细节，他在成为爵士时谎报了父母的结婚日期，生怕别人认为他是非婚生子。事实上，牛顿出生于1642年圣诞节的早晨，是个早产儿，因此生来瘦小而虚弱。出生后，他和母亲还有仆人在伍尔斯索普居住了三年，小牛顿在农场里过着愉快而安静的生活。1646年1月他母亲第二次结婚，这桩婚姻对小牛顿产生了深远的影响。

汉娜的新婚丈夫巴纳巴斯·史密斯（Barnabas Smith）是附近一个叫北威瑟姆的村庄的牧师。牧师的角色对他来说似乎并不重要，因为在17世纪的英国教会中，牧师的职位通常都是闲差事，他们只要对教区教民进行简单传教就可以了。所以村里的牧师失踪也不会引起任何怀疑。尽管如此，婚后汉娜还是搬去和史密斯住到北威瑟姆。小艾萨克没有跟母亲一起搬走，被母亲留在了伍尔斯索普。汉娜把她的父母接到庄园来照顾小艾萨克。

把孩子留给外公外婆的行为在今天看来似乎很奇怪，因此后世把史密斯塑造成一个典型的邪恶继父形象，但在当时，这种做法很是合理。史密斯比汉娜至少年长30岁，而他希望有自己的孩子。事实上，1653年史密斯去世之前，他和汉娜生了三个孩子。如果艾萨克和他们生活在一起，史密斯会感觉很别扭。用弗洛伊德式的后见之明，我们很容易把牛顿后来的孤僻性格归咎于童年和父母的分离。史密斯死后，汉娜搬回伍尔斯索普，牛顿便和同母异父的兄弟姐妹生活在一起，因此他感觉环境嘈杂，很不适应。当然，从牛顿十几岁时留下的只言片语中可以看出，他对继父和新的家庭毫无好感。因为他被遗弃了，外公外婆无法给予他所需的精神支持，结果造就了牛顿极强的独立性格，也让人认为牛顿一生孤傲。

发掘教育

1654年，牛顿被送到格兰瑟姆市国王学校学习，家里其他人都松了一口气。学校离家只有7英里（约11千米），但当时农村交通还不是很方便，每天来回还是有点远，所以牛顿寄宿在格兰瑟姆市受人尊敬的克拉克家。这段时间，年轻的艾萨克受到了很好的教育，克拉克家激发了牛顿对科学的兴趣，此外，国王学校的校长亨利·斯托克斯（Henry Stokes）为牛顿进入剑桥大学帮了大忙。

克拉克先生是一名药师，相当于现代的药剂师，他有很大的自由，能自己做实验、开药方。他的药店是一个宝库，一排排锃亮的木架上摆放着五颜六色的烧瓶，每一个木架上都贴着独特的手写标签，说明这些药的特性和功效。牛顿抓住这个机会观察克拉克工作，时不时也帮助克拉克做事。正是在这个药店里，牛顿开始坚信实验在科学上具有深远的意义。牛顿发现科学有确定性，而人际关系是不可预测的，因此相比之下科学更具吸引力，他喜欢上了科学，随后，他开始在学业上崭露头角。16岁的时候，牛顿的学习成绩相当出色，亨利·斯托克斯已经准备送他进入大学。然而，在这一关键时刻，他的母亲却决定让他退学了。

汉娜决定让牛顿先来管理农场，在她眼里，经营农场既是牛顿的权利，也是他的责任。但是牛顿并不打算遵从他母亲的意愿。一有机会他就从单调的农活中逃出来。母亲让仆人给牛顿分配了农活，让他忙碌在农活上无暇他顾，牛顿反而让仆人替他干活，自己却总是抓住机会读书，汲取知识。即使是到格兰瑟姆买卖农产品时，他大部分时间也待在克拉克的药店里，而把生意交给仆人打理。亨利·斯托克斯听说了牛顿学习的决心后，希望汉娜重新考虑让牛顿入学。牛顿的外公是剑桥大学的毕业生，他赞同牛顿入学，在他的支持下，斯托克斯说服汉娜，让牛顿申请大学，并重新回到学校学习。1661年6月，艾萨克·牛顿进入剑桥大学三一学院。

即使牛顿进入剑桥后，他母亲还是对他逃离农场感到不满。除了学费之外，她每年只给牛顿10英镑费用。尽管当时普通劳动者的工资大约只有4英镑，然而10英镑还没有他母亲一周的收入多。由于缺乏经济来源，牛顿只能勤工俭学以领取奖学金，跟预期的昂贵、舒适的学习生活相去甚远。

当时的课程受希腊思想的严重影响，可选择的内容很少，但至少允许学生学习哲学。哲学是一门包罗万象的学科，当然也包括像伽利略这样的现代科学家的研究成果。从牛顿的笔记中可以明显看出，从一开始，他就批判性地吸收知识，学习之后有自己的思索，而不是全盘接受前人智慧的结晶。比如，他就反对恩培多克勒提出的土、气、火、水四种元素的传统理论，而倾向于原子论的观点。这种认为万物都是由微小的不可分割的粒子组成的观点，对牛顿整个职业生涯都产生了深远的影响。到了1664年，他想要形成自己的理论，因此开始进行光学实验。

斯陶尔布里奇棱镜

故事始于一个博览会。剑河边的斯陶尔布里奇公共区处在切斯特顿和芬·迪特顿两村之间，如今此地已属剑桥，但在牛顿的时代，它离城市太远了，因而不属于剑桥大学的范围。当时大学师生受校警（也叫学监）的监督，学监不让师生到酒馆喝酒或与商人交往。斯陶尔布里奇超出了学监的监督范围，因此一年一度的斯陶尔布里奇博览会为大学师生和镇上居民提供了一个尽情放松的机会。在这片狭长的公共区域上，有各式各样有趣的娱乐项目和饮品餐食，众多摊位卖着惊奇的饰品和玩具。1664年的斯陶尔布里奇博览会上，牛顿买了一个棱镜。

这个棱镜是一块简单的玻璃，截面是个三角形，外形像三角巧克力盒。众所周知，阳光透过棱镜能产生彩色的光带，就像透过雨滴形成彩虹一样。牛顿把这个新玩具拿回房间，阳光透过百叶窗上的小孔照射到棱镜后，投射出了微弱的彩色光带。这条暗淡的光带让牛顿浮想联翩。当时流行的理论是，白光透过棱镜后会变成不同的颜色。牛顿则认为，白光包含不同颜色的光谱，经过棱镜后不同颜色的光谱分开了。这是牛顿首次火力全开地挑战权威，提出一个全新的理论取代了公认的理论。

牛顿拿起另一个棱镜，让第一个棱镜后的彩色光带投到这个棱镜上。如果棱镜真的像大家说的那样给光着色，那么当有颜色的光通过另一个棱镜时就会产生不同的颜色，这样似乎才合理。然而，牛顿发现，有颜色的光通过第二个棱镜后颜色保持不变，这时，牛顿才认为自己的理论是合理的。他有个根深蒂固的习惯，就是必须通过实验来证明自己的想法。此时，他可以根据自己的理论，正确地解释物体为什么会呈现某种特定颜色了。如果一个物体被白光照射后吸收了其中的一些颜色，那么它将反射那些未被吸收的颜色，这就是我们看到的物体表面颜色。例如，如果一个苹果吸收了从红到黄和从蓝到紫的光谱，只剩下绿光反射到我们的眼睛里，那么我们就会看到一个绿色的苹果。

此后，牛顿也开始质疑前人对光的本质的描述。虽然恩培多克勒关于眼睛发出光的观点已经被排除在古代哲学教科书之外，但笛卡儿的现代理论仍然是当时的学习内容，牛顿对这些理论也不满意。他相信原子的存在，认为光像物质一样，是由微小的粒子构成的。牛顿对可怜的笛卡儿的理论不屑一顾，他指出，如果光像笛卡儿说的那样是压力的作用，那么我们在黑暗中奔跑时应该能够看到东西，奔跑会对眼睛施加压力，足以产生视觉。瘟疫期间，牛顿有足够的时间思考笛卡儿的理论，越来越对这些理论感到不满意。

受困于瘟疫

17世纪早期疾病横行，但到17世纪60年代中期，公众卫生似乎在稳步改善。伦敦已经十五年没有大的传染病了，所以在1664年的严冬，当黑死病袭击英国首都时，人们都非常吃惊。后来布丁巷发生了大火，烧毁了大部分城市，而大火却控制住了这场大瘟疫。当时，瘟疫不仅在伦敦蔓延，剑桥也暴发了疫情，牛顿因此被迫在林肯郡的家中待了两年。

牛顿当时23岁，刚刚大学毕业，获得二级文学学士学位。由于被迫离开学校两年，牛顿的大多数同学把他们的学术放在一边，转而去追逐其他心仪的事业。对牛顿来说，除了在家里的农场里溜达溜达，留意一下庄稼收割之外，好像也没有其他事可以做了。事实上，据说牛顿在这两年的时间里已经完成了他一生的工作。正如传说中的那样，他受到庄园外的果园里从树上掉下来的苹果的启发，领悟了万有引力定律。此外，他还发展了微积分，20世纪的每一次科学进展都离不开微积分。他还解释了行星的运动，提出了光学、光线和颜色的理论。

如果传说是真的，那这些确实是超人的成就了。在二十四个月的不懈努力下，牛顿为未来两百年的科学发展奠定了基调。没人质疑牛顿取得了这些成就，但究竟有多少是在这两年里取得的就不得而知了。毫无疑问，牛顿为以上每个领域都打好了基础，这说明要珍惜在不受干扰的情况下思索的机会，因为最后会得到非常有价值的收获。然而，更有可能的是，传说中牛顿在那两年取得的大部分成果都是后来发展起来的。即使如此，在那段时间里，他在光学研究方面的成果是最为确定的。

离开剑桥之前，牛顿一直在做眼睛对光的反应的实验，当然这些实验很可能会让他失明。他首先让太阳投影到镜子里，看一会儿镜子里的太阳，然后把眼睛转到房间的黑暗角落，这样来回重复，观察那飘浮在黑暗中的斑点和颜色。这个实验让牛顿好几天完全看不见东西。然而牛顿好像决心要破坏他的视力一样，他在眼睛和眼窝之间插入一个薄刀片，然后对眼球施加压力，来试验眼睛的形状对视力的影响。毫无疑问，此时的牛顿确实是迷上了光。因此当他到达伍尔斯索普时，不仅能看见东西，还能进行研究，应该是运气使然，不然他可能已经失明了。

判决实验

从乡下回到剑桥后，牛顿开始以惊人的速度获得了一系列荣誉，尽管他的学位成绩并不是很好。所以，一定是两年与世隔绝的生活让他异军突起。1667年，他成为三一学院的一员，1668年获得硕士学位。第二年，年仅26岁的他成为第二位卢卡斯数学教授，这个职位后来由史蒂芬·霍金（Stephen Hawking）担任。这个席位要求牛顿偶尔做一些讲座，他做的第一次讲座就是关于光的。

如果你听说当时牛顿的讲座很受学生欢迎，那必是有人夸张了。事实上，第一次讲座之后，许多人再也没参加了。牛顿不得不将演讲时间从准备的30分钟缩短到15分钟，但他仍然坚持在大教室里演讲。由于教授职位的时间自由，牛顿能在实验上花更多的时间。为了分离出单个颜色（光谱实际包含的颜色范围很广，好多颜色都是混合在一起，牛顿希望至少能分离出眼睛所看到的单个颜色），他在一张卡片上打了一个孔，在孔旁边放置一个棱镜，只让一个狭窄的光带通过棱镜。他发现，当这束光通过第二个棱镜时，并没有产生不同的颜色，红光仍然是红的，蓝光仍然是蓝的；他还发现，红光经过棱镜后偏折的程度要比蓝光小得多。

不同颜色的光的偏折程度（也就是折射角度）不同。后来，牛顿把这一发现称为“判决实验”，它对理解光的本质具有重要意义，这改变了人们对光的本质理解的固有观念。他发现光是由不同颜色的实体组成的，它们不可能从一种颜色变成另一种颜色，每一种颜色的光在棱镜的作用下都有不同程度的偏折，这是光的全新的基本理论。此外，他的实验还解释了棱镜的工作原理。

当一束光照射到普通玻璃时，不会产生彩色光带。这是因为光从空气进入玻璃时，蓝光确实比红光偏折得更多，不同颜色的光确实会分离，但是当它从玻璃射出再次到达玻璃后面的空气中时，会产生相反的等量偏折，不同颜色的光会重新组合到一起。而棱镜的侧面会对光进行两次偏折，并且两次偏折的方向是相同的，所以，不同颜色的光仍然是分离的。

现在我们很难想象牛顿的理论在17世纪引起了多么大的震动。即使当时最伟大的思想家，似乎也完全不懂牛顿理论的核心概念。牛顿说，白光是由一系列不同颜色的光组成的，它们不可能相互转化，当它们通过棱镜时，每种光都发生不同程度的偏折。然而，每个人都知道，混合两种颜色从而得到新的颜色很容易，甚至孩子都可以用颜料盒来做这个实验。不过牛顿认为，虽然不同颜色的光能够混合成白光，但不同颜色的光各自的独特性不变，也就是说颜色是绝对的。当时其他人觉得这种理论似乎是荒谬的。人们还普遍混淆了光的颜色和物体的颜色，牛顿不得不费了很大的劲来解释这一点。

也许比这更令人困惑的是，牛顿还得与古希腊“幽灵”战斗。在他那个时代的大学里，希腊人的权威仍然受到高度尊重。古希腊人把颜色与感知联系在一起（亚里士多德还有个非常不切实际的观点，他认为所有颜色都是由黑白混合产生的），这种观点在保守的学术界很难改变。

现在我们对颜色的理解相当透彻了，例如我们知道彩虹有红、橙、黄、绿、蓝、靛、紫七色，但这些颜色完全是随意提出的。彩虹的颜色是一段连续的光谱。（由于太阳物质会吸收某些颜色的光，所以太阳生成的实际光谱中有一些暗线，但大体上，光谱是连续的。）我们现在认为“明显”的颜色其实是很随意的，因为直到10世纪，欧洲才出现了表示橙色的单词，然后，直到17世纪，人们才称一些果实的颜色为橙色。

为了更清楚地说明白光是由不同颜色的光谱组成的，牛顿用透镜把不同颜色的光谱组合成一个白斑，他甚至表示这种组合是可逆的，可以让白光通过精细光栅，只让部分光线汇聚，生成不同颜色的光斑，光斑的颜色取决于通过光栅的那部分光。牛顿对不同颜色光的折射的理解具有重要意义，不久之后，他建造了一个反射式望远镜。他的望远镜的曲面镜可以消除扭曲的彩色条纹（也就是色差）。而当时的折射式望远镜会使不同颜色的光发生不同程度的弯曲，从而产生色差。

牛顿与胡克之争

牛顿对光的理论研究没有引起英国皇家学会的注意，而牛顿的望远镜却引起了他们的注意。1672年，牛顿被选为院士。二十四年前，该学会成立，最初是一个自然哲学的清谈俱乐部。就像讨论光的机制一样，学会的成员们乐于讨论鳄鱼的活体解剖和狼人的存在，他们痴迷于探索自然规律。在牛顿时代，该学会常在伦敦阿伦德尔别墅举行会议，研究探讨科学界的新理论，是新理论最重要的试验场。由于牛顿在望远镜方面的成功，他与学会秘书亨利·奥尔登伯格（Henry Oldenburg）的通信不断增加，他写信给奥尔登伯格，详细阐述了关于光和颜色的理论，这些理论很快就发表在《皇家学会学报》上。

从他们的通信中明显可以看出，牛顿和奥尔登伯格关系很好。但这并不意味着牛顿和学会其他成员的关系也很好，特别是他和实验管理员、后来的秘书罗伯特·胡克（Robert Hooke）关系紧张。当胡克攻击他的理论时，牛顿迅速做出了回应。在剑桥，没有人能激起牛顿的强烈反对，但在和胡克的争论中，他的成长经历形成的性格体现出来了。

胡克是一个令人印象深刻的对手。他比牛顿大几岁，兴趣广泛得多，而且能轻松地融入社交圈子，这些能力是牛顿无法与之相比的。在剑桥，牛顿把自己封闭在近乎修道院般与世隔绝的房间里，而胡克则是咖啡馆圈子里受欢迎的一员，也是有名的好色之徒。胡克认为牛顿自大、无能；牛顿则认为胡克是个肤浅的花花公子。

作为实验管理员，胡克必须研究和审议牛顿的论文。他不同意牛顿关于光是由粒子组成的假设（这篇论文和关于颜色的论文没有任何关系），实际上是他忽视了牛顿所写的东西。他后来承认，他花在这篇论文上的时间不超过三个小时。人们看了他的评论后，觉得牛顿关于颜色本质的论点似乎没有可靠的依据，然而这些论点完全是实验的结果，而不是牛顿的主观臆断的理论。

牛顿的回击指出，胡克没有正确理解他的推论。这迫使胡克再次研究牛顿的论文来反驳他。胡克看不出牛顿的工作中有什么科学上的错误，于是就试图在因果顺序上反驳牛顿。在论文的一开始，牛顿就请读者将事实和假说清楚地分开。后来，牛顿在描述了他的棱镜和透镜实验后，发表了这样的声明：

> 有了这些实验后，黑暗中是否有颜色，我们所看到的物体是否有颜色，甚至光是否是物质，就不再有争议了。

胡克猛烈抨击牛顿的最后一句话。牛顿提出光是一种物质，意味着提出光的粒子假说，牛顿把这一假说加到关于颜色的实验事实中，这显然与他的论文开始所说的相矛盾。胡克写信给牛顿，指出他的错误。

牛顿的声誉因此受损。当牛顿躲在剑桥大学思索回信时，胡克利用自己的地位对牛顿进行了猛烈的攻击，并且这种攻击很快由最初的学术争论变为个人攻击。胡克告诉英国皇家学会，他在牛顿之前就已发明了反射式望远镜，间接指责他的乡下对手窃取了自己的想法。对牛顿来说幸运的是，胡克的指责和攻击都不能自圆其说，他习惯于夸耀自己取得的成就，结果却没有太多实质成效。皇家学会的成员们以前都见识过胡克的类似行为，因此也就见怪不怪了。

然而胡克还是不断寻找机会打击牛顿。不久之后，胡克终于找到一个机会。年轻又老实的牛顿对科学有疯狂的热情。通过皇家学会，牛顿收到了伊格纳斯·加斯顿·帕迪（Ignance Gaston Pardies）的一系列信件，帕迪是巴黎耶稣会的牧师兼教授，还是笛卡儿的支持者。帕迪驳斥了牛顿关于白光是由多种颜色的光组成的观点。然而牛顿的回信并不理智，他暗示帕迪只是个业余爱好者。牛顿给牧师的回信具有严厉教导的意味，好像自己是在和一个乡村白痴打交道，而不是和一个受人尊敬的科学家交流。胡克向学会抱怨了牛顿公开发表的书信往来时的措辞和语气，因此亨利·奥尔登伯格轻微指责了一下牛顿。

牛顿对此非常愤怒，一气之下，他决定暂时不发表关于光的最新理论，这些理论后来成为他的著作《光学》的基础。《光学》一书出版前遇到了两次周折，这是第一次。直到三十多年后的1704年，此书才问世，那时牛顿年事已高。延缓《光学》出版的第二个原因不是争论，而是一场大火。你现在还能看到牛顿的旧居，也就是剑桥大学三一学院大院E级楼梯上的4号房间，但现在已不见大院里用钉子钉着的木质大架子，当时用来放置牛顿的实验设备。胡克和牛顿争论五年后，当牛顿在三一学院教堂参加一场仪式时，这个临时实验室发生了火灾。这场大火可能是由牛顿关于化学和炼金术的实验引起的，当时的人们还是很推崇炼金术的。它毁坏了许多文件，可能包括《光学》的第一份手稿。

虽然牛顿暂时没能出版他的书，但他还是毫不减弱对胡克的攻势。他一准备好自己的辩词，就开始针对胡克的说法逐条回击，用自己的逻辑粉碎胡克的一句句抱怨。学会要求胡克重新考虑他对牛顿的原始论文的评价。看来，此时牛顿将要取得胜利了。虽然胡克的行为仍然使牛顿十分恼火，但这个伦敦花花公子却不是牛顿最大的对手。真正的学术挑战来自一个牛顿更加尊敬的人——荷兰科学家克里斯蒂安·惠更斯（Christiaan Huygens）。

新的挑战者

刚开始，惠更斯对牛顿关于颜色起源的原始论文给予了非常积极的回应，尽管从他的信的措辞来看，他完全误解了它。后来，他开始了攻击，重申了胡克的反对意见，不是否定牛顿的发现，而是否定他的推理方法。惠更斯用了比胡克更为严谨的论据，而且对事不对人。与胡克的带有讽刺意味的信件不同，惠更斯的信非常谨慎和礼貌。但此时，一向敏感的牛顿已如临大敌。令牛顿沮丧的是，惠更斯、帕迪和胡克都领会了他关于光可能是由粒子构成的纯粹推测性的言论，并以此反驳他关于白光是由多种颜色组成的观测结果。牛顿的反应是向皇家学会递交辞呈，声称皇家学会距离剑桥太远，不方便，但事实上，他只是为了避开通过学会攻击他的来信。

沉着镇定的亨利·奥尔登伯格揭穿了牛顿的言不由衷，并证明自己是一个比牛顿更好的战术家。他平静地提出解除牛顿和学会之间的关系。这种不带感情的反应似乎减轻了牛顿的愤怒。牛顿没有进一步咄咄逼人，很快给惠更斯回复了一封相对温和的信，建议这位荷兰人提出不同意实验结果之前重复棱镜实验。惠更斯无意和牛顿争辩，所以这场争论也就平息了。牛顿在剑桥度过了三年平静的时光，由于不甘寂寞，他再次往外走，这一次胡克又等着他了。

牛顿给皇家学会提交了两篇论文，一篇解释了光的反射、折射和漫射是由微粒的作用产生的，另一篇详述了他想要做的系列实验，希望实验能支持他的理论。（这是典型的牛顿方法，把他的观测分解成假设、实验和可用实验得出的逻辑推论。）胡克很可能是认为牛顿窃取了他的《显微图谱》一书中的思想。因为他们的有些结论比较相似，尽管各自的理论出发点不同。

刚开始，胡克试图通过皇家学会羞辱牛顿，但学会不为所动，胡克的企图失败了。后来，胡克利用比他的乡下对手更有自然优势的环境——咖啡馆。在咖啡馆与朋友讨论时，胡克广泛宣传牛顿缺乏独创性，还鼓动朋友四处传播。结果，宣扬牛顿不诚实的谣言开始满天飞，胡克为了彻底打败对手，显然还是得通过皇家学会，但此时胡克和亨利·奥尔登伯格的关系已经很糟糕了。所以，胡克没有通过学会的正式渠道来解决问题，而是开始直接给牛顿写信。

这是一个奇怪的决定。私人信件不仅意味着这场争论不会得到公众的关注，而且在17世纪的语言环境下，私人信件用语优雅而礼貌，胡克和牛顿的往来信件措辞也是如此。这就好像胡克向牛顿挑战，然后选择的武器是羽毛枕头。信件里面还是有羞辱和争论，但没有了尖锐的措辞，取而代之的是生硬的玩笑。胡克断言，牛顿窃取了《显微图谱》的观点，虽然心有恶意，但是说得很礼貌：

> 我……非常高兴地看到，那些我早就开始构思但没有时间去完善的想法得到了推广和改进。

牛顿给胡克正式回了一封信，信中充满对胡克的赞美和敬意。信里面评论完笛卡儿和胡克的作品后，牛顿还说了一句科学史上被引用次数最多的话——“如果说我看得更远，那是因为我站在巨人的肩膀上”。奇怪的是，它竟然出自这封信，夹杂在假装礼貌的争论和侮辱之中。事实上，人们认为这句话本身就是牛顿在讥讽胡克，胡克的背部畸形，因此身材显得特别矮小。胡克对自己的外表非常敏感，从不允许别人为他画肖像。我们很容易就能感受到牛顿那种尖锐的讽刺，因为没人会把胡克当作巨人。

离开剑桥

随着与胡克的争论逐渐平息，牛顿回到了其他争论少一些的自然科学领域，他的研究从光转向了运动和引力，最终形成了《自然哲学的数学原理》这一旷古杰作。后来牛顿又研究了光，但在这之前，由于《自然哲学的数学原理》的名气和他坚定的信念，退休后的牛顿从科学家角色转而登上了政治舞台。

当信奉天主教的国王詹姆斯二世宣布要强迫天主教学生进入信奉新教的大学时，牛顿就卷入了政治。牛顿是试图抵抗国王新令的团体的一员，后来国王派臭名昭著的残忍法官杰弗里斯来对付这些反抗者，团体也就被瓦解了。但随着时间的推移，牛顿胜利了——几年后，新国王奥兰治的威廉在英格兰再次实行新教的君主制，天主教入侵剑桥的威胁也消失了。

不过，牛顿似乎开始对政治有了兴趣，至少是对政治家的生活有了兴趣。1690年，他成为剑桥大学的议员，并任职了一年。在此期间，他只有一次演讲被人们记住了，演讲期间他让引座员关上窗户，因为风吹得他有点不舒服。涉足政治和不断增长的名气让牛顿的生活进入了一个更高级的圈子，也意味着他的个人生活环境发生了巨大变化。

有一段时间，牛顿的隐居生活被打乱了，他似乎要发疯了。在1693年的几个月里，他给朋友和同事写了些奇怪的信。有人告诉日记作者、皇家学会会长塞缪尔·佩皮斯（Samuel Pepys），由于某种不明原因的耻辱，牛顿再也不见他了；还有人指控哲学家约翰·洛克（John Locke）企图让牛顿有混乱的异性关系。但很快牛顿就恢复正常了，他的声望继续提高。1696年，他辞去剑桥工作，去担任皇家造币厂的总监，这时他的同事对牛顿完全从政一事并不感到奇怪。此后，他再也没有全心回到学术界。

在牛顿之前的造币厂总监是厂里的二号人物，他把总监这个职位看作是一种荣誉职位，但牛顿是因为他之前研究过炼金术才来担任此职位的。他的勤奋让17世纪的管理团队震惊了，他经常凌晨4点就来上班，然后一直工作到深夜。政府正是需要他的这种旺盛精力，因为当时的英国的银币地位岌岌可危，政府需要大规模更换市面上流通的银币。

牛顿最大的贡献是优化了造币厂的生产过程，这证明了他做管理顾问和做科学家一样出色。他全身心地投入这项工作中，同时还兼任着刑事调查员的角色，要揪出伪造货币和缺斤短两的人（这些人从货币边缘刮取一些碎片熔化成贵金属，然后拿去卖钱）。当时他毫不留情地追捕罪犯，然后处以极为严厉的刑罚。情节恶劣的罪犯要被吊到失去知觉，然后肠子被取出，身体被分解成四段。牛顿如此残忍是因为他的世界观不容许自己跟罪犯妥协。

在17、18世纪之交，他接替去世的上司，成为新一任造币厂的厂长，同时继续作为剑桥大学议会的一员，做着无足轻重的工作。随着英国货币市场的稳定，牛顿感觉商业上已无挑战，然而，一个人的死亡又重新燃起了牛顿对科学的热情。1703年，罗伯特·胡克去世了。在接下来的12个月里，牛顿再次成为英国皇家学会的会员，并迅速当选会长。当时学会已经在走下坡路，但凭借牛顿的声望和组织能力扭转了命运。一年后，《光学》一书出版。

三卷本的《光学》更详细地总结了牛顿关于光和颜色的原始理论。令人惊讶的是，这部书非常易读，牛顿基本没有使用术语，并且与现代教科书中乏味的层层推导不同，牛顿给出的理论直击问题本身。当然，书中仍然还有许多“疑问”，是一些未回答的问题和未经验证的假设。事实上，牛顿原本是打算写第四本书的。在确信光是由微粒组成后，牛顿希望把他简洁的运动理论和引力理论运用到对光的观测中，形成现在所谓的大统一理论或万物理论。20世纪许多伟大的科学家，从爱因斯坦到霍金，一直试图把不同的力和自然界的基本现象统一成一个理论。和牛顿一样，他们也没有成功。

尽管牛顿的雄心没有他20世纪的同行的计划那么宏伟，但它仍然远远超出了当时的科学实践。他没有出版一整本思索统一理论的书，而是将这些疑问整合到第三卷中，为未来的科学道路指明了方向。和往常一样，牛顿不愿意像同时代的许多科学家那样，在假设的基础上提出完整的理论，他希望他对光的探索能够牢固地建立在实验观察的基础上。由于当时没有办法观测到光微粒，牛顿又努力想把光和物质运动的研究统一起来，而物质和运动研究还暂时不是他的研究主线，所以他提出了偏离研究主线的疑问，还有一些疑问则与数百年后的发现惊人地接近。

例如，在第一个疑问中，牛顿想知道光线经过物体附近时是否会发生弯曲。他试图将万有引力和光的微粒模型结合在一起，希望光会像行星一样，能在太阳的作用下偏离直线，做曲线运动。但这种尝试一直没有成功。直到爱因斯坦提出广义相对论，光线弯曲的可能性才再次被提及。1919年5月，英国科学家亚瑟·爱丁顿（Arthur Eddington）爵士在西非海岸拍摄日食后，证明了爱因斯坦的理论和牛顿的疑问是正确的。

牛顿一直活到1727年，还获得了爵士头衔，生前鲜少向人提及他的出生，似乎是为了避免让人怀疑他出生的合法性。不管是实验科学家还是商业顾问，又或是担任英国皇家学会会长，牛顿都全心全意展现着自己的能力和手段。担任会长期间，他仍然像和胡克争论时期一样，随时准备迎接挑战，只不过此时他有了强大的权力。

在与皇家天文学家约翰·弗拉姆斯蒂德（John Flamsteed，曾与牛顿憎恨的胡克有过交往），以及与德国数学天才戈特弗里德·威廉·冯·莱布尼茨（Gottfried Wilhelm von Leibniz）的争论中，牛顿用语是尖酸刻薄的。他严重伤害了弗拉姆斯蒂德的学术生涯，而莱布尼茨则是在智力和人格力量上与牛顿相匹敌的对手。17世纪六七十年代，牛顿和莱布尼茨都独立发明了变化的数学——微积分（牛顿称之为流数术）。牛顿发现自己并不是微积分的唯一发明者后，花了四十年的时间来证明莱布尼茨是个骗子，结果他还是输了这场争论，并且输得并不体面。

此后，牛顿再没有发表任何更有意义的文章，尽管《光学》

经过了多次修订（奇怪的是，现在看来，《自然哲学的数学原理》的拉丁文版本与《光学》一样，也是从最初的英文版本翻译而成的）。后面的版本添加了更多有趣的问题，但是没有添加新的实验内容和结果。牛顿完全有理由满足于他的科学成就，继续他的政治活动，直到85岁去世。

回顾牛顿的一生，你会发现他与伽利略多少有些相似之处（伽利略死于牛顿出生的那一年）。两人都反对传统哲学家将理论建立在纯粹的推理之上，而更倾向于从实验的现象中总结理论。伽利略培育了罗杰·培根播下的现代科学思想的种子，种子出苗成长后，牛顿收割了果实。牛顿和伽利略的主要成就都与运动有关，两人都着迷于光，都有以各自名字命名的望远镜。他们都很长寿，都是政治老手，都在某一科学学会成立的早期就融入学会。虽然他们的生活环境天差地别，但两人都对自然科学有着浓厚的兴趣，都有不轻言放弃的决心和毅力。

光波的形成

牛顿的批评者很难接受白光是由各种颜色的光组成的这一概念，但更激烈的争论集中在牛顿关于光束是由微粒构成的观点上。胡克、帕迪，尤其是惠更斯更是无法接受此种观点，因为他们认为光是一种波，对他们来说，这是一种近乎宗教的信仰。

当你往平静的池塘里扔一块石头，你会看到一圈圈的涟漪从石头落点周围荡漾开来。惠更斯认为光也是由类似的波构成的。当时的人们已经知道了声音是以波的形式传播的，认为光也应该是以波的形式传播。然而，牛顿并不这样认为，他认为，如果光是一种波，那么要解释两个问题。第一个问题是，波在什么里面？这个问题初看无关紧要，实际很关键。想想看，水波在水里面。我们所说的水波实际上是把石头扔进池塘后，水从石头碰到水面的地方依次向外产生有规律的上下移动。水波在水面上传递能量，就像一群人在传递盒子一样，虽然人（或水）没有横向移动位置，但盒子（或能量）却会移动。我们听到声音，是空气的运动使声波得以传播。但光显然是从什么都没有的空间中穿过。那么当光经过时，是什么在荡漾?

为了解决光在什么都没有的空间中穿过的问题，必须要发明一种看不见的“东西”来填充空间，即“以太”（现在以太的拼写是“ether”，当时是“aether”），它是笛卡儿“实空”概念的继承和发展。光波被认为是以太中的波纹。但对牛顿来说，如果光是一种波，那么随之而来的第二个问题才真正棘手，也就是听起来复杂（但实际上非常简单）的光沿直线传播这个问题。再想想水，水波是向四面八方扩散的。如果用一块带有狭缝的木板挡住水波，通过狭缝后的水波依然会向四周扩散。声音也是如此，我们可以听到拐角另一边的声音，声波会绕开障碍物到达我们的耳朵。但为什么我们看不到拐角的另一边呢？让光通过狭缝，在木板的另一侧我们只能看到狭缝两边的阴影。这似乎不符合波的运动规律，但与牛顿光的微粒说很吻合。

整个18世纪，人们并不在意牛顿的光粒子和惠更斯的光波究竟哪个更合理，因为牛顿是第一位受人崇拜的科学巨星，他的理论在英国被视为定律，在欧洲大部分地区也备受尊崇。然而，对科学发展来说这是相当不幸的，因为光波有很多合理性。虽然牛顿提出光不会绕过拐角传播，但是这个论点也没有像看起来的那样无坚不摧。

早在1665年，耶稣会会士弗朗西斯科·格里马第（Francesco Grimaldi）就出版了一本关于光的小书。在其中他描述了光照射到一个圆形物体后形成的阴影比预期的要小，好像光照射到了物体的边缘后就像波一样扩散开来，也就是说阴影和光线之间的边界并不清晰，而牛顿的光微粒理论是有精确的边界的。与牛顿理论相反，这里的边界模糊。仔细观察之后，你会发现阴影的周围似乎有一些亮暗相间的条纹。这不符合微粒沿直线运动的图景。格里马第的发现已经为惠更斯的理论提供了依据。

当惠更斯描述光时，他的出发点和笛卡儿非常相似。这并不奇怪，因为笛卡儿是惠更斯家族的朋友，他偶尔会到海牙拜访惠更斯。和笛卡儿一样，惠更斯认为太空是由许多微小的看不见的球组成的，这些小球形成以太。笛卡儿认为小球是完全刚性的，而惠更斯理论的最大不同在于，他假设这些小球能像橡皮球一样被压缩。这意味着在小球一端施加一个推力，另一端不会立即产生压力。相反，每次给小球施压时，就会有波开始穿过这些小球，然后小球会反弹恢复原来的形状，就如同声波在空气中向远处传播一样。

这是一幅光波穿过小球海洋的图景，基于此，惠更斯对理解光和波做出了最重要的贡献。他把相关内容总结在杰作《光论》一书中。1679年，他把此书呈交法国皇家科学院出版，他在书中写道：

从发光点沿着直线出发，每一个传播波的物质粒子，不应

> 该只把运动传递给下一个粒子，而且还把一部分运动传递给接触到它的其他粒子。……所以每个粒子的周围都有一个以该粒子为中心的波。

在惠更斯的图景中，一个波不是一个单一的涟漪，而是由许多小波构成的，这些小波从原始波前方的每个点向四面八方移动（图5.1）。一般情况下，偏离传播方向的小波会相互抵消，也就是说一个小波向左移动，另一个小波向右移动，综合起来就是没有移动。但在波的前进方向上，没有与之相互抵消的波，因此波继续向前运动。

借助这个图景，可以解释折射现象，也就是为什么光在进入玻璃时发生偏折。想象一大束光以一定角度射向玻璃。第一个进入玻璃的小波会慢下来，但光束另一侧中的那些小波仍在空气中，仍在全速扩散。其结果，就像一队行进的士兵转弯一样，改变了光的传播方向，使光进入玻璃时发生偏折。

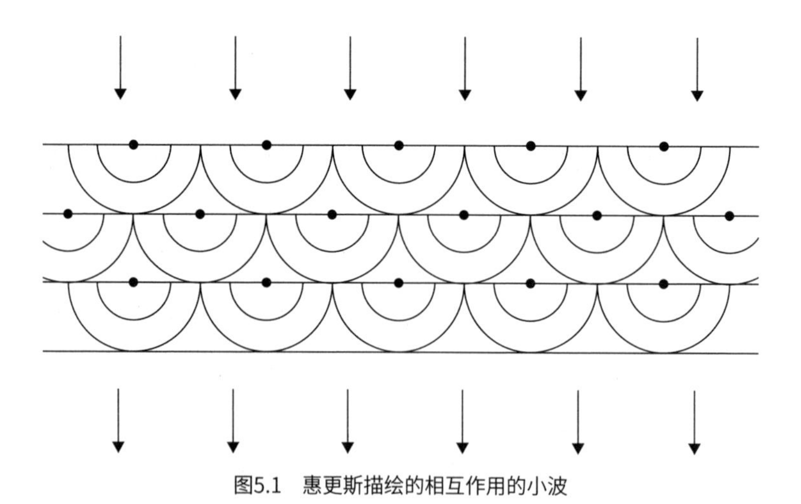

图5.1　惠更斯描绘的相互作用的小波

惠更斯小波也可以解释物体的阴影为什么不像预期那样大：随着微小的小波直射向物体边缘，因为在边缘，没有其他相反方向的直射小波与之抵消，所以物体的阴影就没有预期的那么大。

物理图景的数学解释

虽然惠更斯描绘了一幅非常可信的光波图景，但是数学上还有两个缺口。后来瑞士数学家莱昂哈德·欧拉（Leonhard Euler）填补了这两个缺口。欧拉在给德国公主的一系列信件中，笔法生动地阐述了他的一些观点，这些信件被整理成书，是流传下来的第一部真正的科普著作。欧拉可能出生在瑞士，但他四海为家，就像当今游历世界的学者一样轻松地在各国穿梭。欧拉并非那种出身优越的高级知识分子，他的父亲是一名收入有限的新教牧师，欧拉的母亲也来自一个牧师家庭，因此对老欧拉来说，儿子自然应该追随他成为牧师。

年轻的欧拉一开始上学，他身上就展现出了一些特质。他拥有惊人的记忆力，学习语言得心应手，同时他还能以惊人的速度在脑海中进行复杂的计算。但是，仅仅这些技巧并不能让他摆脱成为牧师的命运。1721年，14岁的欧拉开始在当地的巴塞尔大学学习。

坦率地说，当时的巴塞尔是一潭死水。在这里你很难遇到优秀的教师，这里的学生也都是一些资质平庸之辈。但有一名教员却是相当出色，他就是约翰·伯努利（Johann Bernoulli），一个一流的思想家，并被认为是当时在世的最伟大的数学家。为了胜任神职工作，欧拉要进入神学院学习，在这之前，他广泛学习了包括数学在内的许多学科知识。伯努利是欧拉父亲保罗的老朋友（他们读书时曾住在一起），他看到了少年欧拉的数学潜质。但对伯努利来说，这还远远不够。欧拉后来写道：

> 他很忙，所以断然拒绝给我单独授课，但他给了我一些很有价值的建议，让我开始阅读更难的数学书籍并竭尽所能努力学习。如果我遇到了什么不懂或困难之处，他允许我在每个星期六的下午去拜访他，然后他会耐心地给我解释不理解的地方。

欧拉最终还是接受命运进入了神学院，但此时数学已对他产生了太大的吸引力，正如他所说：

> 由于我把大部分时间都用在了数学研究上，所以［在神学上］并没有取得多大进展。幸运的是，星期六我可以继续去拜访约翰·伯努利。

1727年，20岁的欧拉在俄国圣彼得堡的科学院任职，这里可以说是18世纪的麻省理工学院（MIT）。欧拉到俄国任职是由于约翰的儿子丹尼尔（Daniel Bernoulli）的推荐，当时丹尼尔在那里教数学。欧拉去那里是接替丹尼尔的弟弟小尼古拉（Nicolas Bernoulli）空出来的职位，因为小尼古拉不幸英年早逝。

不过，欧拉到圣彼得堡任职还得克服一个困难。欧拉当然想逃离巴塞尔幽闭的氛围。他与丹尼尔的通信不只在纯粹的学术方面，从丹尼尔的信中，欧拉看到了更有魅力的广阔世界，还有圣彼得堡城独有的富饶魅力。但此时科学院里没有纯数学方面的岗位，唯一能给欧拉提供的就是尼古拉空出来的数学和生理学结合的岗位。尽管欧拉对医学几乎一无所知，但在伯努利家族的推荐下，他还是得到了这份工作。

接受了科学院的职位后，欧拉悬着的心终于放下来了。在圣彼得堡得到一份工作，不管是什么工作，都是那么激动人心，以至于他没有考虑过自己是否有能力教授一门他所知甚少的学科。他把到任时间推迟到第二年，然后开始疯狂阅读，竭尽所能系统地多掌握医学知识。也许，他更多的是从几何的角度掌握生理学理论，而不是从严格意义上手术健康的角度来学习，但当他到达俄国时，他已经掌握了生理学的基本知识了。

现在，欧拉有理由确信他可以领先他的学生一步了。但是，欧拉这次延期就职不仅仅是为了研读生理学知识。当时巴塞尔大学的物理系主任出缺，欧拉也参加了这个岗位的竞争。然而，他没有得到这个职位（考虑到他的年龄，没得到也不奇怪），只能前往东方的俄国就职。去往俄国的旅程并不轻松，欧拉前后花了一个多月，先是乘船沿着莱茵河而下，后乘马车穿过德国，然后再乘船到圣彼得堡，但这段旅程对于年轻的欧拉来说，跟现如今的学生背包周游世界一样，没觉得痛苦，反而是一段愉快的经历。

接受数学和生理学相关的岗位，意味着欧拉可能得面对学生和病人。幸运的是，欧拉抵达圣彼得堡后，物理学相关的职位出缺，考虑了欧拉的经历后，科学院认为他更适合这个岗位，因此欧拉都没有看到尸体标本就被分配到新岗位上。欧拉一到圣彼得堡就爱上了它。这个国际大都市比巴塞尔更有活力，并且他还遇上了一个好朋友——丹尼尔·伯努利。就像他们的父亲一样，他们住在一起，有许多共同的爱好。他们都是有着很好的职业、渴望探索数学世界的年轻人。六年后，丹尼尔离开圣彼得堡时，欧拉有些悲伤。后来，他接替了朋友的职位，成为数学教授，此时，他的悲伤才有些缓解。

不久之后，欧拉结婚了，婚后生活幸福美满。他后来评论说，他在数学上的一些重大突破是抱孩子时完成的——他一生有13个孩子（只有5个孩子活到成年）。虽然欧拉的专长主要是在纯粹数学领域，他很喜欢理论的东西，但欧拉也能深入参与实际应用项目。事实上，欧拉的兴趣非常广泛，几乎所有俄国政府交代的任务，他都乐于完成，因此很快就成为受欢迎的“万事通”——这样的人放在今天，大部分时间都得花在调查委托上。政府给他的任务包括为海军提供建议、为政府准备地图，以及担任消防车设计顾问等。然而，有一项要求让他嗤之以鼻，那就是为沙皇占卜星象。欧拉很世故，没有直接拒绝这一要求而激怒统治者，他只是保证别人会来处理这个事情。

婚后不久，欧拉患了一场严重的发烧，由于感染，他的一只眼睛几乎失明（尽管他将失明归咎于花太多时间研究地图）。即便如此，欧拉还是没有停下研究的步伐，还取得了许多惊人的成果，科学院期刊一半的文章经常是出自欧拉之手。然而，欧拉在科学院的工作生活越来越不愉快，科学院的负责人是一个叫约翰·舒马赫（Johann Schumacher）的卑鄙小人。他不是个学者，而是个官僚，打压任何有才华的人。与此同时，随着凯瑟琳女皇的去世，俄国的政治氛围给外国人的生活带来了困难。欧拉在一封信中说道，俄国已经变成了一个“所有敢说话的人都会被绞死的国家”。因此当普鲁士国王邀请欧拉加入他的柏林科学院时，欧拉并没有考虑太久就答应了。又到了搬家的时候。

致德国公主的信

此后，欧拉在柏林科学院工作了二十五年，在从事数学工作的同时，偶尔也进行一定的行政管理工作。尽管欧拉任职时间很长，然而，让人意想不到的是，国王却长期反对欧拉，并且他们的关系愈演愈烈。当欧拉第一次被任命时，他很高兴能得到腓特烈国王的赏识。他给一个朋友写信说："国王称我为他的教授，我认为我是世界上最幸福的人了。"腓特烈是个知识分子，热爱艺术，尤其喜欢法国艺术，因此，法语很快成为官方学术语言。腓特烈聘请欧拉的意图似乎是为了让宫廷更有教养。但欧拉不够机智，也不具备国王所期望的社交风度。

更糟糕的是，腓特烈国王还聘任了另一位明星——法国作家伏尔泰。他拥有欧拉所不具备的特质，而且还经常取笑这位数学家，腓特烈越来越蔑视这位他之前大力聘任的人。到欧拉逗留柏林的最后时刻，他已经无法忍受国王的态度了。在这期间，欧拉还一直与圣彼得堡保持着联系。随着叶卡捷琳娜大帝的登基，俄国趋于稳定，欧拉载誉而归，重回俄国，直到1783年去世。回到俄国后，欧拉一直工作到生命的最后一刻，即使1771年他已经完全失明了。在他去世那天的上午，他给他的孙子上了数学课，对气球的运动进行了一系列计算，另外还对新发现的天王星进行了一场热烈的讨论。这就是欧拉。

欧拉在柏林的时间一点也不浪费。这期间，他做出了两项最伟大的数学证明，整理的书信集成了畅销书。不可思议的是，普鲁士国王的侄女戴安哈尔特·德索（d'Anhalt Dessau）公主想了解最新的科学的进展，派特使与欧拉接触后，他们开始通信。想象一下，现在的一位欧洲公主（或者更好的类比是一位电影女明星）请求卢卡斯数学教授史蒂芬·霍金给她讲解一些科普知识，这听起来都有些难以置信。在当时，这简直可以说是革命性的，相当于公主地位的女性最多只能涉足音乐和女红。事实上，令人惊讶的是，他们之间的通信并没有因为公主可能受到非难而停止。

幸运的是，欧拉对女性教育持积极态度。1795年，亨利·亨特（Henry Hunter）将这些书信翻译成英文，并对欧拉的观点表示赞同。亨特评论道，这些翻译是为了：

> 提高女性思想，对世界来说是一个很重要的目标！有生之年我很高兴地看到，女性教育正在一个更加自由和开放的计划中进行着。我年纪大了，还记得那些出身名门的年轻女子，即使是北方的女子，也只能做一些简单拼写。有些年轻女士的书写中会出现一些稀奇古怪的字符，甚至都不能连贯成句……现在社会已经逐渐接受女子受教育，社会也已经因此变得更好了。

为了说明知识和科学是世界性的，这些书信用国王喜欢的语言——法语写成，并在欧拉回到俄国后以《致德国公主的信》为题出版，后来英文译本成了畅销书。毕竟，公主并不是唯一想要了解科学革命的人。欧拉从公主最喜欢的学科——音乐缓缓展开，给她进行科学普及。但是，当欧拉讲到光的时候，他在惠更斯的研究基础上加入了自己的贡献。

为了更容易理解，欧拉将光和声音进行了直接比较：

> 光在以太中的传播方式与声音在空气中的传播方式相似；正如空气粒子引起振动构成声音一样，以太粒子的振动构成光或光线；所以光就是以太粒子振动，以太无处不在，它能穿透所有的物体，因而极端微妙。

欧拉解释了我们如何通过光看到事物后，又向前走了一步，确信太阳和其他明亮的天体在像钟一样振动（欧拉认为，这样它们就可以发光而不会消失，否则，阳光肯定很快就会耗尽）。尽管欧拉很高兴地看到镜子能反射光——光线像球一样从镜面弹回，但他认为：当光照射到像建筑物一样的不透明物体时，一定会发生不同的过程；否则，人看到的这些不透明物体就会被镜面反射覆盖；光的振动会在它所照射的物体上引起共振，就像在钢琴附近的乐器上弹响一个音符时，钢琴的琴弦也会相应地振动一样。欧拉认为，我们所看到的物体是自身振动发出的光，而不是来自太阳的原始光。

欧拉在谈到我们如何看到物体时可能弄错了，但他也完善了惠更斯的数学表达，增加了描述波在类似以太的介质中的运动细节。他总是仔细论证自己和牛顿理论的矛盾之处。其实除了欧拉和其他光波理论的支持者，也还有人挑战牛顿的权威。一个意想不到的挑战者是伟大的德国作家约翰·沃尔夫冈·冯·歌德（Johann Wolfgang von Goethe）。

感知和现实

虽然歌德是公认的文学巨匠，但他的兴趣远远超出了文字。18世纪70年代，歌德在斯特拉斯堡大学学习期间，就没有把自己局限在文学和哲学领域。尽管他创作了大量戏剧、小说和诗歌，获得的却是法律学位，此外他还抽出时间研究音乐、美术和科学。

到了四十岁的生日时，歌德已经有了至高无上的文学地位。他刚在意大利休了三年的假，回到萨克森–魏玛公国的首都魏玛，希望能舒舒服服地回到他出国旅行前的贵族圈子里。想不到，他受到了阻力。在罗马时，他的文学风格从“狂飙突进运动”的情感冲突变为更为古典、沉思的风格，讽刺的是，别人认为他的风格还是太现代了。与此同时，他冒着被同龄人排斥的风险，和23岁的女孩克里斯蒂安娜·福尔皮乌斯（Christiane Vulpius）交往。当时克里斯蒂安娜是一家花厂的工人，他们交往后不久，克里斯蒂安娜就怀孕了，后来为歌德生下了第一个（也是唯一存活下来的）孩子。七年后的1806年，他们结了婚。

这次回到魏玛后的种种不愉快，表明歌德已经有了中年危机，还有各种社会新思潮的不断涌现，需要歌德不断转变观念和接受新思想。虽然他回到写作时精神焕发，后来创作了诗剧《浮士德》这一巨作，但有一段时间，他把全部注意力都集中在科学上。歌德的文学作品注重个人与自然和社会的关系，他对待科学也一样，主观地把人的因素放在主要位置。歌德的大部分研究专注在生物学上，但同时他也渴望揭开光的秘密，尤其是颜色的秘密。

其实这样说也不是很准确，下面就有一个例子。歌德一时冲动，从德国耶拿城的熟人霍弗拉特・布特纳（Hofrat Buttner）那里借了一箱光学设备，耶拿城后来以蔡司光学工厂的所在地而闻名。借来设备箱子后，歌德忙于其他事，就把它搁置在一旁，很快就忘记了这事。很长时间后，布特纳不见歌德归还设备，等得不耐烦了，就派了一个信差去取他的设备。此时，歌德还没有抽出时间来打开箱子，就叫信差等一会儿。

歌德打开那破旧木箱的盖子，查看里面的东西。箱子最上面是一个用柔软的天鹅绒包裹着的巨大玻璃棱镜。歌德把棱镜拿了出来，对沉重的玻璃爱不释手。他忍不住让窗户射进来的阳光透过棱镜。然而，透过棱镜后的光没有出现彩色，他转动一下棱镜，仍然没有出现彩色。看到这离奇的现象后，他大叫："牛顿错了！"然后叫来了信使。

这个小事件激起了歌德对光和颜色的兴趣——在他漫长的生命中保持了四十年。他似乎总是在努力驳斥牛顿的理论。歌德与牛顿有什么过节尚不清楚（也许只是因为牛顿比歌德更有名），但肯定有人一心想要抨击牛顿的工作。

在技术上，歌德并没有严格证明牛顿的光微粒不存在。但是歌德的一个小错误（他买了自己的棱镜后，很快就通过它产生了光谱），让他走向了一个本应更符合他天赋的方向。就像之前的列奥纳多・达・芬奇一样，歌德把不同的颜色的光谱展示在一起。他很快就发现，颜色会随着环境的变化而变化。例如，如果把亮红色与深蓝色或浅粉色放在一起，亮红色看起来就变色了。

技术理论可能不是歌德的强项，然而他的毅力很强。他尝试了大量的色彩组合。他做的实验越多，就越确信他已经找到了牛顿关于颜色分析的弱点。牛顿曾说过，棱镜会弯曲光，将其分成不同的颜色，任何特定的颜色都是绝对的，有其固有属性。然而，歌德可以抽取通过棱镜的某一颜色，把它与其他各种颜色放在一起。随后可以看出，这个颜色发生了变化。

歌德试图用主观的、近乎诗意的术语表明，颜色不是绝对的，而是完全取决于刺激物的性质。他认为，特定的光没有固定的颜色，它的颜色取决于如何看到这种光，以及在哪里看到。

按照歌德“以人为本”的古典观点，他犯了一个典型的错误。他混淆了感官和现实。事实上，歌德和牛顿都是对的，只是牛顿描述的是光的本性，而歌德描述的是人类对光的感知。如果歌德的本意如此，那么他的研究也会对科学知识做出有益的突出贡献。可惜，歌德和牛顿一样，一直在试图描述光的本性，可想而知，其结果必然是一团糟。

颜色是光的绝对属性，但眼睛看到颜色的机制并不完全取决于这一颜色的本性。眼睛不是为了挑选出单个颜色，而是为了利用颜色来区分形状和物体。为了达到这个目的，相对颜色比绝对颜色更重要。眼睛记录的是颜色与周围环境的关系，而不是一个纯粹的数值。不幸的是，眼睛对颜色的感知机制甚至误导了像歌德这样伟大的思想家。

尽管歌德试图反驳牛顿的理论，但它们一直主导着科学发展。惠更斯和欧拉的光的波动说几乎无人问津，直到英国科学三巨头将牛顿从他貌似不可动摇的地位上击倒。

第6章 解剖光

我们都知道光是什么，但要说清楚并不容易。

——塞缪尔·约翰逊

《鲍斯韦尔的一生》

牛顿和惠更斯之间的理论之争，将由一个出人意料的人物——托马斯·杨（Thomas Young）来解决。杨是一名医生，从未全职从事物理学工作，是狂热的业余爱好者，喜欢动手尝试所有感兴趣的东西。杨从事植物学和生理学的研究，他将弹性的概念引入工程领域，制作了死亡率表来帮助保险公司设定保费。他第一次翻译了古埃及象形文字，为哲学做出了贡献，并在伦敦让他的医疗实践一直延续了下来。

真正的博学家

杨从小就有广泛的兴趣爱好。1773年他出生于萨默塞特郡米尔弗顿，两岁时就学会阅读。当他向父母请教《圣经》中一些较长的单词时，父母才发现杨的这一天赋。杨家的房子位于米尔弗顿的北街，随着父母又给小托马斯生了九个兄弟姐妹，他家变得越来越拥挤。所以，他幼年的大部分时间都是在位于迈恩希德的外祖父家中度过的，那里有个很大的图书馆，杨经常在那里阅读，拓展了视野。

在寄宿学校的时候，杨很快就学会了新的语言，因此经常被叫去给来访者展示他的技能，让来访者感到新奇而有趣。13岁时，他就能用希腊语、拉丁语、希伯来语、意大利语和法语通畅阅读了。经过一段时间的私人教育后，杨对医学感兴趣，就来到伦敦伟大的圣巴多罗买教学医院，随后进入剑桥大学学习医学，从而培养了他对医学和科学的兴趣。后来，他继承了一笔巨额遗产，包括1万英镑现金和一栋伦敦的房子，经济上自由后，杨开始了他的业余探索生涯。1799年春天，他在维尔贝克街48号开了一家公司。在两年内，他就成了当时最大的科学争论的中心。

虽为业余爱好者却对科学做出重大贡献的人，杨是最后一个。在同时代的一些人看来，在某些专业上他可能只是个业余爱好者，但只要他上手，他都能做得很出色。正如威斯敏斯特修道院中他的墓志铭上写的，他是“一个在人类求知的每个领域中都有卓越贡献的人”。也许杨最大的天赋是直觉思维跳跃。1800年，他已经接受了惠更斯的光是一种波的观点，所缺乏的是实验验证。一次偶然机会，杨得到了突破。

杨在研究温度对露珠形成的影响时，光穿过一层由水滴构成的细雾。这些水滴的图像投影到白色的屏幕上后，在白色中心周围形成了彩色的环。杨怀疑这些环是由光波相互作用形成的。杨发现了这一现象后，在一个黑暗的房间里，花了很多时间，围绕着一张桌子引导光束。1801年，他在英国皇家学会做了一场名为《光与颜色理论》的演讲。杨决心证明：这一次，是伟大的牛顿错了。他的秘密武器是他称为干涉的奇特效应。

波干涉

杨将一束强光照在一张卡片上，卡片有两个间隔很小的狭缝，通过狭缝的两束光落在卡片后面的一张纸上。我们想象中合理的结果应该是：两个狭缝中间光线重叠，因而比较明亮；两侧只由一个狭缝单独照亮，因而暗一些；再往外，边缘是黑的。相反，杨却看到了一条狭窄的明暗交替的光带。

如果牛顿的“微粒说”是正确的，显然不会发生这种情况，因此用惠更斯的“波动说”解释更合理。当两个波相遇时，它们不会忽略对方。如果两个波同时向上波动，你最终会看到一个两倍大的波。如果一个波向上波动，同时另一个波向下波动，这两个波就会相互抵消，最终完全没有波动。如果你把两颗石头扔进水池里，它们之间的距离不要太远，你就能看到这种情况的发生：在水波重叠的地方，有些区域的水几乎不动，而另一些区域的水则运动特别强烈。杨认为，光在通过两个狭缝后，也发生了完全相同的事情。光波之间相互干涉。当它们从狭缝中射出时，在某些点上，它们同时向上波动，产生了亮带；在另一些点上，它们相互抵消，产生了暗带（图6.1）。

此外，杨在他的演讲中加入了波和不同颜色的光之间的联系。要理解这一点，我们需要花几分钟思考一下什么是波。波行进时的上下运动可以慢也可以快。你想象一个波——例如，跳绳上的波——以固定的速度甩动跳绳，那么上下起伏越多的地方绳子越

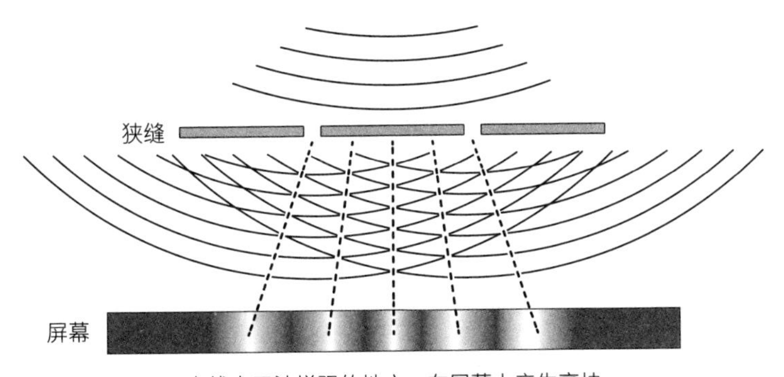

图6.1　光波通过杨氏狭缝后相互干涉

紧。再比如，想象一下，当一块布平稳地在缝纫机上移动时，针在布上上下摆动。针的上下运动越快，针脚就越紧密。当波通过时，上下波动过程中回到同一点的距离称为波长（图6.2）。一秒钟内发生的波动的次数就是它的频率。杨发现，他的狭缝产生的明暗相间的图形随着光颜色的改变而变化。正如预期，当他改变光的颜色即改变光的波长，波的干涉图形的亮暗带之间的距离就会发生变化。因此他推断，光的颜色与其波长直接相关。

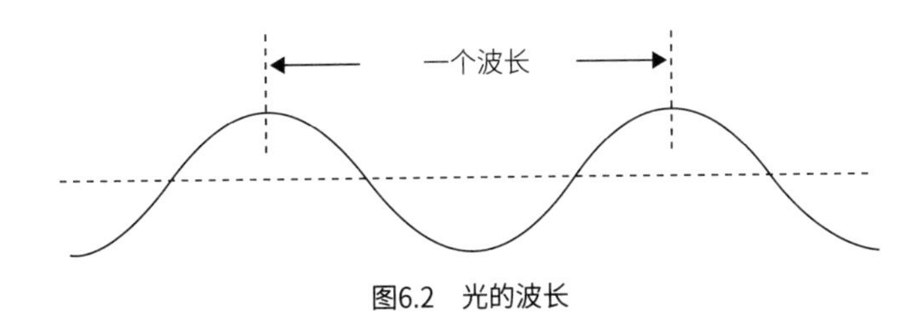

图6.2　光的波长

正如欧拉在他之前提出的那样，杨最初认为光波就像声波一样，是由波移动时在移动方向上的压缩形成的。其结果就像手风琴风箱的挤压和释放，或者突然推动弹簧“弹”一下。这似乎很自然，因为人们认为光通过以太传播，以太是看不见的、无形的、充满整个空间的流体，你不能在流体的中间发射上下或左右的波。但是听到菲涅尔关于偏振的研究后，杨提出了一个大胆的猜想，当然这可能会让他遭受嘲讽。对于光的偏振特性，最显然的解释是光的波确实像绳子上的波一样上下或左右移动。杨想不出如何解释这一机制，但这似乎是唯一能符合观测事实的猜想。

尽管杨的研究让人类对光的理解有了巨大的进展，而且他的论点既简单又有力，但他的观点在接下来的四十年里没有被广泛接受。特别是在英国，他的理论因为违反牛顿的伟大理论而受到嘲笑。他受到了当权阶层的刻薄批评，特别是亨利·布鲁厄姆（Henry Brougham），当时布鲁厄姆是一名年轻的律师和作家，后来成为大法官。布鲁厄姆是《爱丁堡评论》的创办者，这一期刊颇具影响力，他在其中撰稿写道：

> 我们现在可以暂时不考虑这位作者的肤浅的研究，我们努力在他的研究中寻找学识、敏锐或智慧的痕迹，但没有成功，这可能是由于他缺乏坚实的思考、冷静和耐心的调查以及踏实和谦虚地观察自然规律。皇家学会是否已经堕落到将其出版的期刊降格为皇家学会女士们的时髦理论公报？让这位教授继续无休止地用各种无关紧要的琐事来取悦他的听众吧，但请不要冠以科学的名义，科学只应包含牛顿、玻意耳、卡文迪许等人庄严的名字。

然而在欧洲大陆，牛顿受到的尊崇较少，而且杨的“波动思想”得到了奥古斯丁–让·菲涅尔（Augustin-Jean Fresnel，之前完全不知道杨的工作）的支持，他证明了格里马第在影子周围发现的条纹，也就是现在被称为衍射的图案，可以用与杨完全相同的干涉机制来解释这一现象。

修路工人的胜利

菲涅尔的性格与杨截然不同。尽管菲涅尔外表看起来有贵族气派，傲慢自大，但他不像一些同行那样有威望，作为一个业余科学爱好者当然也负担不起花花公子的生活。他是个注重实际的人，在政府里担任修建桥梁和道路的工程师，日常工作就是根据实际需要修路架桥。此外，他在政治上并不精明，他反对拿破仑从厄尔巴岛回来，因此有段时间被囚禁在监狱里。就像欧拉被普鲁士国王冷落一样，脚踏实地的菲涅尔也被巴黎的科学机构抛弃了。

即使菲涅尔仔细推演后给出方程，展示光波如何在阴影边缘产生条纹，仍有一些人不能接受修路工人就能有这样的原创的思想。菲涅尔没有理会他们，而是有条不紊地进行着他的研究，在不知不觉中与杨相呼应，从村里的铁匠那里得到帮助，建造他的仪器，准备进行实验。实验是杨的工作核心，而菲涅尔是一位更有成就的数学家，他可以用精练的分析来支持自己的理论。

数学家西莫恩–德尼·泊松（Simeon-Denis Poisson）是菲涅尔的批评者之一。泊松可能比菲涅尔更善于进行社交活动，专业知识也很突出，作为索邦大学数学系的首任主任，他对科学和数学做出了广泛的贡献。泊松认为菲涅尔的研究很可笑，为了证明他的法国同事的计算有多荒谬，泊松用菲涅尔公式预言，光照射到固态物体后，在物体后的光束路径上应该有一个小光点。泊松说，这显然很可笑，是弱者的想象。但泊松对菲涅尔的嘲笑却适得其反。另一个成功的科学家——多米尼克·弗朗索瓦·让·阿拉戈（Dominique François Jean Arago）将泊松的嘲笑付诸实践。他用光照射一个小目标，发现它后面有一个亮点，正是在菲涅尔公式预测的位置。这验证了修路工人的理论是正确的。

到了现在，牛顿的理论就像一个被打得晕头转向的拳击手：虽然还站在那里，没有意识到他已经被击倒，但杨和菲涅尔已经让“微粒说”站不住脚了。从那时起，光的“波动说”是唯一可以接受的观点。但是，超越“要么波，要么粒子”这一简单论点的时代即将到来。下一个巨大的挑战是要发现光是如何工作的，是什么让它以如此高的速度传播——它到底是什么。一个了不起的人和他吓坏了的朋友，才让人们第一次意外地窥见了光最内在的秘密。

偶然的演讲者

关于光本质的突破到来的时间异常精确。1846年4月10日星期五晚上将近9点的时候，两个人在伦敦皇家学会后台门后宽敞的大厅里等着上台演讲。他们是查尔斯·惠斯通（Charles Wheatstone）和迈克尔·法拉第（Michael Faraday），都是受人尊敬的物理学家。惠斯通将做一个关于电磁计时器的讲座，这是一种新颖的电控时钟。但是，即使是惠斯通，要在周五晚上的观众面前演讲也倍感压力，紧张不已。作为讲座的组织者，法拉第开创 了一个沿袭至今的传统，即演讲者径直走上讲台开始他的主题演讲，而没有演讲之前的开场和寒暄。

惠斯通最终还是克服不了紧张情绪，他扔下笔记，冲出了大楼，把法拉第尴尬地留在会场。观众已经集合好了。如果这么晚取消演讲，皇家学会会很尴尬。法拉第拿起他朋友的笔记，浏览了一遍。他知道他能做这个演讲，并且确定会比他那个惊慌失措的朋友做得更好，但是他得在他朋友的演讲内容上加一些自己的东西。由于没有时间准备，迈克尔·法拉第即将发表他职业生涯中最鼓舞人心的演讲：人类第一次洞察光、电和磁不可分割的本质。

四十一年前，法拉第一家为了寻找工作，被迫从威斯特摩兰来到伦敦。除了像他父亲一样当一名铁匠外，迈克尔没有什么希望了。但在14岁的时候，他成了法国大革命的难民书商兼订书匠乔治·里巴（George Riebau）的学徒，这将是法拉第的转折点。里巴鼓励他的学徒们不仅仅学习装订，还应学习其他东西。法拉第把他所有的业余时间都花在书店里，沉浸在周围的书中。这些沉甸甸的书籍很快成为法拉第最亲密的朋友，除此之外，法拉第还参加自我学习小组——自然科学研究会的讲座，这坚定了法拉第的目标，他打算闯入封闭的科学界。

法拉第的雄心很快就实现了，但又突然被夺走了。这一情节堪比一部好莱坞电影。乔治·里巴向客户丹斯展示了法拉第精心装订的讲座笔记，丹斯和他的父亲对此印象深刻，他们给法拉第送了一张门票，让法拉第去皇家学会听汉弗里·戴维（Humphry Davy）的演讲。这个意外的礼物让法拉第很兴奋；戴维是维多利亚时代的科学巨星。但这次机会仅仅是个开始。不久之后，戴维的一个实验出了问题。设备在他脸旁爆炸，戴维因此失明。丹斯先生暗示法拉第会是理想的秘书，于是戴维雇用了他。

戴维门徒

和戴维一起工作是法拉第的梦想，梦想得以实现让他很兴奋，但这并没有持续多久。法拉第很不幸，戴维只是短暂失明（可以算是戴维的幸运）。戴维刚能独立工作，就把法拉第送回了装订商那里。离梦想这么近然后破灭，可能对法拉第来说打击很大，但他的执着和热情救了他自己。他不断地申请科学机构的职位。即便如此，法拉第还是想回到戴维那里。最终，他成功了，皇家学会的实验室助理威廉·佩恩（William Payne）因醉酒打架被解雇，法拉第再次得到雇用。带着戴维的祝福，法拉第再次以饱满的精神状态投入工作。戴维对法拉第的评价记录在学会备忘录中：

> 汉弗里·戴维爵士荣幸地通知学会领导，他找到了一个愿意接替威廉·佩恩职位的人。他叫迈克尔·法拉第，是一个二十二岁的青年。据戴维爵士观察和评估，法拉第很适合这个职位。他的生活习惯似乎很好，性格活泼开朗，举止得体。他愿意以佩恩辞职前享受的同等待遇接受聘用。

到1821年，年轻科学家法拉第的生活稳定而平凡。他升职了，有了额外的钱，可以娶萨拉·巴纳德（Sarah Barnard）了，她也是法拉第严格的宗教团体的一员。后来他们搬进了皇家学会的一套房间里，以前杨住在这里，后来汉弗里·戴维也居住过。法拉第不喜欢争论，灾难却找上门来。学会要求法拉第写一篇关于电磁学（即电与磁的相互作用）的文章，他很高兴地开始动手实验。他多次重复了实验，在没有亲眼看到可接受的结果之前，他不准备动手写文章。当固定磁铁旁边的电线上有电流通过时，结果起先让他迷惑不解，然后又让他激动不已。他还发现电线绕着磁铁自行移动。以前没有人提起过这种现象，它是法拉第首次发现的。一贯谨慎小心的法拉第，这次却迫不及待地发表了他的发现，然后坐等赞誉的到来。赞誉没有来，他反而被指控剽窃。

威廉·沃拉斯顿（William Wollaston）指控法拉第剽窃，法拉第曾评论过他的作品。沃拉斯顿原本是一名医生，由于眼睛部分失明，他放弃了医学。他曾有个异想天开的想法，想看看电流通过螺旋形电线发生的现象。沃拉斯顿说服他的朋友汉弗里·戴维爵士帮助他做实验寻找运动的迹象，然而他们的实验没取得什么进展。沃拉斯顿的理论与法拉第的实验没有任何相似之处，但对沃拉斯顿来说，涉及电流和旋转运动就足够了。对法拉第的指责纷至沓来。有人说他违反了铁一般的道德准则，法拉第感到非常震惊，于是向汉弗里·戴维寻求支持。然而，戴维却抛弃了他。

戴维选择站在他的朋友沃拉斯顿一边。尽管他表面上支持法拉第，但他们之间的阶级分歧太大了。戴维是个社会精英，常与皇室来往。法拉第，在他看来，永远只是一个暴发户。据说，法拉第在职业生涯早期陪同戴维和他的新婚妻子参观欧洲的科学机构时，既要当科学助手，又要当男仆。另一方面，沃拉斯顿是个专业人士，在戴维的心目中是“我们中的一员”。戴维给了法拉第从水沟里爬起来的机会——此时法拉第爬出来了。但是这事之后他们之间的关系有了永久的裂痕。从此这两个人再也没有友好地交谈过。

不久，每个人都明白法拉第的发现是原创的。不仅如此，这个发现还非常有用。电动机就是以电线绕着磁铁的稳定运动为基础造出来的。后来这种发动机就以法拉第的名字命名。两年后，当他被提名为著名的英国皇家学会会员时，只有一个人投了反对票，他就是汉弗里·戴维爵士。

磁力线

1821年，没有人意识到，尤其是法拉第，他对电和磁的痴迷会导致我们对光的理解出现突破。但是，法拉第再次回到电和磁的研究，是在十年之后了，因为他人的指责和戴维的背叛给法拉第带来了深深的痛苦。因此他把研究方向转向了化学，还担任了实验室主任的行政工作，组织了每周五晚上9点的讲座和一系列为孩子们举办的圣诞节活动。目前这两个活动还在持续，法拉第的皇家学会圣诞讲座是英国电视的一个为人熟知的节目。

尽管法拉第的化学事业很成功，但他还是无法永远放弃电磁理论所带来的挑战。到1831年，已经有迹象表明，一根导线通上电流后，旁边另一根没有跟它连接的导线也会产生电流，它们之间有某种跨越空间的联系。这一神奇的现象，勾起了法拉第强烈的好奇心。他找来一对线圈，把它们分别绕在长铁环的直边上。当他给第一个线圈通电时，他期望在第二个线圈中看到稳定的电流，他猜想电流是从铁环中以某种方式漏出来的。结果是，只有在第一个线圈通电或断电的瞬间，在第二个线圈中产生了一个脉冲信号。

一个普通的人遇到这种情况可能会归因于设备不行，或是摈弃相关证据，但法拉第却对此情况更加关注。仅在第一个线圈上开关电源就会影响远处的第二个线圈，这似乎是不合理的。但是，众所周知，通电线圈可以产生磁。而磁体能在一定距离处产生作用，指南针就证明了这一点。所以如果第一根导线可以等同于一个磁体呢？

这就是法拉第需要的灵感。如果是磁场的变化产生了新的电流，而不是电流的漏出，那么第二个线圈中只有瞬间电流就说得通了。很快，法拉第移动线圈中的普通磁铁，线圈也产生了电流，随后这种发电机加到了他的发明清单中。当英国首相罗伯特·皮尔（Robert Peel）问法拉第他的新发现有什么用时，据说法拉第的回答是："我不知道，但我打赌有一天你们政府会对它征税的。"

看到电与磁的转换现象后，科学家们努力寻找一种描述它们的方式。当时，在派对上流行一种把戏，把铁屑撒在一张纸上，然后把纸举在磁铁上方。细小的金属碎片就会排列成系列曲线，磁铁似乎有看不见的力量。法拉第坐在实验室昏暗的灯光下，脑海中是一些发光的磁线，当他把一根导线移到磁铁附近时，导线碰到发光的磁线，想象一个情境，他像个孩子似的在铁栏杆边奔跑，用手拍打着栏杆条。每一次当导线碰到并切割那些想象中的明亮发光的磁线时，都会产生能量。就像拍击栏杆时振动流过他的手臂一样，导线也会有电流流过。因此，他把这些围绕在磁铁周围的线称为"磁力线"。

法拉第陷入了沉思，如果是这样的话，当他给线圈通电时发生了什么？第二根导线随之出现了短暂的电脉冲。如果磁力线——铁栏杆条——都集中在线圈里，那么当他给线圈通电，线圈变成磁铁时，磁力线就会运动到线圈外面。随着磁力线的运动，它们就会被第二根导线切割，就好像手静止不动，栏杆条自己滑动做拍打动作。法拉第进一步想到，他给线圈通电后，磁力线并不是立刻就到第二根导线处，一段时间后它们才运动到这里，否则导线就不会切割磁力线。一定有什么东西在空中传播，是某种看不见的磁现象。

这是一个绝妙的发现，但法拉第不敢告诉任何人。他还记得被戴维放弃时的痛心，自己的名誉和正直受到质疑的感觉很难受。因此，他没有公开发表他的研究结果，而是将它密封在一个信封里，落款日期记为1832年3月12日，希望别人在他死后再打开。黑暗的保险箱信封中隐藏着一个线索，是法拉第关于光的惊人推测。当他打开电磁铁的开关时，电磁铁上的磁力线就向外移动。到底是什么在动？他写道：

> 我倾向于把磁力从一个磁极向外扩散和水面上的干涉振动以及空气中声音的现象进行比较，也就是说，我倾向于认为振动理论可以解释这些现象，就像空气振动传播声音一样，磁力线运动很可能传播的是光。

公之于众

法拉第关于磁振动（也就是波）和光的联系的灵感一直埋在保

险箱密封的信里，直到1846年4月10日，时钟最终拨到9点时，法拉第顶替惠斯通站上演讲的舞台，才披露信封中的内容。一年前，法拉第也曾给出过一些暗示，他指出：

> 我一直有一个观点……物质的力的不同表现形式，都有一个共同的起源……这种强大的归一性说法可以延伸到光的力量上。

虽然法拉第之前曾指出了电磁力和光之间的某种联系，但直到那个非凡的夜晚，他才把自己的猜测公之于众。现在有人怀疑，惠斯通的演讲恐慌故事是虚构的。皇家学会的记录显示，法拉第代替的是另一位科学家——詹姆斯·内皮尔（James Napier），后者提前一周通知了他将缺席演讲。不过，法拉第确实讲到了惠斯通那款名字很讨人喜欢，但完全被人遗忘的电磁计时器。当法拉第翻完同事的笔记时，演讲结束，法拉第深深吸了一口气。

也许是这个场合的即席性让法拉第放松了警惕。也许，与十五年前不同，此时他觉得自己有足够的地位去冒险。没有准备，也没有安全预案，法拉第开始说出了他的想法。

他将光描述为一种振动，通过磁力线这种“铁栏杆条”荡漾开来。要完全理解这是一个多么惊人的见解，你必须把自己放在1846年演讲厅里的观众席上。那是一个没有电灯的年代，夜晚用来照明的只有油灯、蜡烛和几盏煤气灯。对法拉第的观众来说，电和磁还是很新鲜的东西，它们是类似计时器这样的机器背后的动力。法拉第是受到了启发，加之天才式的跳跃性思维，才将缥缈的光现象与磁铁和线圈联系起来。

他尽情发挥他的想象力。他后来说，他把“脑子里的模糊印象当成了猜测”，结果令人震惊。

> 因此，我大胆提出观点认为，辐射是力线中最高级的振动，众所周知，力线将粒子和物质的质量连接在一起。有了振动后，可以不考虑以太。

法拉第迈出了惊人的一步，他指出了光的本质，并消除了对“以太”的需要。“以太”被认为是充满空间的物质，有了以太，光才能传播，就像水传播水波或是空气传播声波一样。五十多年后，关于以太的争论才得以最终解决，但法拉第提出了第一个不需要以太的光传播机制。他认为光是一种波，但与声音迥然不同。

> ……[声音]的振动是直接传播，或者它来自运动中心，而前者（光）则来自运动侧面。

基于托马斯·杨基本否定前一代人的观点，法拉第提出，声音通过挤压和放松空气的方式运动，就像手风琴的风箱运动路径一样，而光的运动则是个横向波动。他甚至提出万有引力的作用方式与此相似，这一灵感后来由爱因斯坦进一步发展。

法拉第的远见卓识让人佩服，虽然知道自己很重要，但他还是很谦逊。他谢绝被封为爵士（不像他的朋友惠斯通），他认为任何荣誉都应归功于上帝，而不是他自己。然而，他对科学的纯粹热情和超强的洞见，为后世理解光打下了坚实的基础。只有如此，苏格兰天才詹姆斯·克拉克·麦克斯韦（James Clerk Maxwell）才能在法拉第的基础上揭开光的真实本质。但在此之前，已经有人精确测量了光速。两个法国人——阿曼德·菲佐（Armand Fizeau）和让·伯纳德·莱昂·傅科（Jean Bernard Léon Foucault）——决心测量宇宙中最快的东西。

光速计时

大多数古代先贤认为光从一个地方到另一个地方是瞬时传播的。尽管恩培多克勒提出了“光从眼睛中射出”的流行观点，认为光以可测量的速度在运动，但他的观点被亚里士多德推翻。亚里士多德将光描述为它所穿过的介质的一种状态。他想，介质可以瞬间切换到“光模式”，就像一池水可以瞬间结冰一样。但在否定恩培多克勒的理论之前，他还是对其理论给予了肯定：

> 恩培多克勒说，来自太阳的光在到达眼睛或到达地球之前，首先要穿过日地空间。这似乎是有道理的。因为无论什么东西在空间中移动，都是从一个地方移动到另一个地方。所以一定有一个相应的时间段来让它移动。但是，任何给定的时间都是可以分割成部分的，所以我们应该假设一段时间，在这段时间内，太阳光线还没有被看到，但仍然在空间中传播。

早在1676年，丹麦天文学家奥勒·罗默（Ole Rømer）就认为恩培多克勒是正确的。不过，他并不是第一个怀疑亚里士多德的人。阿尔哈曾和罗杰·培根都确信光的传播需要时间。罗默出生前，伽利略曾试图用实验研究光的速度，想法是好的，只不过实验没有成功。考虑到相隔一定距离后，两个时钟精确测量比较困难，伽利略设计了一个实验，让光传播到远处后返回到光源处，这样只需要一个时钟来计时。

伽利略和他的助手在帕多瓦进行实验测量，周围乡村的夜晚非常黑暗。我们现在很难想象当时到底有多黑暗。现如今，天空中到处是人造光，但17世纪意大利乡村是纯黑的夜晚。助手骑马走了一段距离后，站在那里等待伽利略给出信号。考虑到时钟的影响，这位伟人揭开了灯笼罩，他的助手看到了黄白色的星点。助手立刻揭开自己的灯笼罩，光线原路返回，伽利略看见后标记时间。实验结果很糟糕，计时没有一致性。伽利略失败地返回了家。他说他觉得不可能测量光速：

> 确定返回的光是否瞬间出现；即使不是瞬间出现，它也异常迅速。

这一次，那个坚信科学不可战胜，从而得以掌控教会等级制度的人受挫了。即使他的计时器已经足够精确，能够测量出光传播一段距离所需要的时间——也许是十万分之一秒，但在实验地两端的人类的反应所带来的延迟也远远超过了这个时间，但至少伽利略曾尝试过。当时没有多少自然哲学家敢想“光以可测量的速度传播”。哲学家笛卡儿是瞬时传播理论最有力的支持者之一，他写道：

> [光]瞬间从发光的物体进入我们的眼睛；我甚至要补充一点，这是确定无疑的，如果它被证明是错误的，那么我将承认我对哲学一无所知。

笛卡儿死后二十六年，也就是1676年，一个名不见经传的丹麦天文学家——奥勒·罗默证明他错了。

距离远到可以测量

具有讽刺意味的是，伽利略成功地让罗默测量光速变为可能，此前罗默从来没有打算测量光速。当时，罗默在巴黎大学工作，观察木星的四个最大卫星进出木星的阴影，并对它们的进出时间进行计时。他希望为航海家们提供一个自然时钟，让他们在海上时能够精确计时。

要计算船只的位置需要依靠精确的计时，而当时船上用的只是简陋的机械钟，并不能精确计时。因为测量不精确，每年都有船只偏离航向，触礁被毁。自从1610年伽利略发现木星的卫星以来，天文学家们就一直试图绘制这些遥远光点的运动规律图，然后将它们用作精密计时器。但罗默发现卫星的运动并不符合他的预期。卫星进出木星阴影的时间一天比一天晚。罗默很好奇。为什么卫星的运动会变慢呢?

只有长期观测，罗默才有机会发现其中发生了什么。卫星进出木星阴影的时间一天天变长，直到有一天开始变短，如此反复。从这一天开始，卫星进出木星阴影的时间一天比一天早了。罗默注意到改变恰逢地球离木星最遥远的时候。

这太巧合了，它们之间不可能没有联系。罗默知道地球和木星在太阳系中沿弧线运动，它们之间的距离越来越大，直至最大值，然后又逐渐减小。随着离木星的距离的增加，光就要走更远的距离、花更多的时间才能到达罗默的观测点。这样的结果就是卫星进出木星阴影的时间比实际要晚。罗默只有比较计时变化与距离变化量才能算出光的速度。

在天文学家同事卡西尼的帮助下（卡西尼测出了木星到太阳的距离），罗默想出了一个测量光速的办法。当时罗默测出的光速是220 000千米/秒，虽然测量结果比实际光速低了将近三分之一，但是从此时开始，人类就迈开了精确测量光速的步伐。在接下来的三百年里，人们对光速的测量越来越接近真实值。奇怪的是，到1983年后，人们不再对光速进行测量了，光速的数值再也不需要验证了。

虽然罗默一直在改进光速测量，但利用远处的天体运动来确定光速还是不太令人满意。只有在地球上也能测量时，人们才觉得真实测到了光速。做到这一点的是法国人阿曼德·伊波利特·路易·菲佐（Armand Hippolyte Louis Fizeau）。菲佐的想法在很多方面与伽利略有相似之处，他们都是测量一束光远距离往返所花的时间。但是，他怎样才能克服伽利略的计时问题呢？因为光来回旅程只需要几分之一秒。然而此时菲佐是在1849年，一个与伽利略完全不同的时代。菲佐选择了机械时代的产物——机械解决方案，而不依赖于人类的反应。

菲佐让一束强光照射到9千米外的一面镜子上。光源前面有一个齿轮，齿轮边缘上有数百颗（精确地说是720颗）微小的齿。光离开光源后，紧致光束就会照到齿轮上。随着齿轮的转动，一系列的闪光就会发射到9千米外的镜子上，然后又反射回来。光反射回来的时候，又一次穿过了齿轮。动点小心思，精彩的时刻到了。如果齿轮以恰当的速度转动，光来回一次恰好转过一个齿轮的宽度。轮齿就会挡住光，那就什么也看不见了。如果让齿轮转得慢一点或快一点，光就会从轮齿某一边的缝隙通过。让齿轮以接近恰当的速度转动，然后稍微改变一下转动速度，就可以很好地测量光速了。

菲佐的测量比伽利略的方法要简单得多。然而，无论时钟多么精确，问题是当光开始和结束前行时如何说出“现在！”，也就是如何精确开始和停止计时。这样一来，所需要做的就是区分光亮和黑暗。齿轮有720个齿，距离近18千米，所以也没必要把轮子转得太快。大约每秒转10圈的速度比较恰当（作为对比，现代计算机硬盘的转速能达到每秒100到150圈），就能够用当时的技术进行精确测量。

不过菲佐的全部实验要素并没有完全在实验者的控制之下，光还得传播9千米之远的距离。但第二年，他的同事让·伯纳德·莱昂·傅科迈出了最后一步。傅科最著名的是发明了显示地球自转的傅科摆。他将菲佐实验中光的往返行程从18千米压缩到20米。他把几面镜子装进一个大约3米长的木制装置里，从光源发出的光在镜子之间传播。在这样的传播路径中，需要反应的时间要少得多。一个用来计时的齿轮必须有很多轮齿，并且旋转速度得非常快。但傅科知道用镜子可以避开这些问题。

光线在进入傅科做的精致的黄铜和木制装置后，会被一面镜子反射，这面镜子随压缩空气流作用在涡轮上高速旋转。然后光线会被一面静止的镜子反射，最后又回到了旋转的镜子，这时镜子已经转动了一个小角度。返回的光束沿着装置的长边出来。由于镜子的旋转，射出的光束射到屏上的点与原始光线的入射点略有不同。用显微镜和精细刻度尺，可以测量出两点的距离。然后唯一需要知道的就是镜子的转动速度，类似于菲佐齿轮的技术可以得到转动速度。最后傅科把光速确定为298 000千米/秒。

机械时代的结束

傅科之后，阿尔伯特·迈克尔逊（Albert Michelson）接过了光速测量这个挑战，改善傅科的实验设计，到1931年，迈克尔逊把光速精确到299 774 千米/秒。但是这已经是迈克尔逊使用纯机械方法所能达到的精确极限了。接下来必须使用一些不同的方法才能继续提高精确度。这个问题的解决取决于波的特性。波有三个测量量，只要得知其中两个，就可以算出第三个。它们分别是速度、波长（当波通过时，上下波动过程中回到同一点的距离）和频率（每秒发生的波动的次数）。把频率和波长相乘就可以得到速度。自20世纪50年代以来，利用这个简单的关系，光速测量越来越精确。

音乐家们熟悉波的特征，他们知道特定大小的箱体对特定的频率反应不同，就像管风琴管一样。如果一个波所有的频率都是基波频率的整数倍，那么这样的波就叫谐波。两种非常相似的频率相互作用，产生非常慢的波，成为一拍。通过这种方法可以精确地确定不同类型光的波长和频率（因此也就确定了它的速度）。20世纪80年代早期测得的光速为299 792 457米/秒到299 792 459米/秒。但此时出现了一个新问题。

“秒”是由原子钟定义，由测量铯原子能级跃迁时固定频率的振荡得出，精度非常高；而“米”则由氪原子发出的光的波长定义，测量结果不如光速精确。因此，以米/秒为单位的光速实际上比“米”的长度更精确。要有所舍弃才能统一基本参数。1983年，人们最终决定将光速定为299 792 458米/秒。

乍一看，这似乎不可能。我们怎么能武断地给宇宙的属性赋予一个确切的值呢？宇宙属性又不是人为概念。因为“米”是用光速重新定义的，现在，“米”定义为光在一秒中传播距离的1/299 792 458。随着测量方法的不断完善，我们对“米”的概念会发生微妙的变化，但光速是永远不变的，至少我们希望如此。2000年，一位来自伦敦帝国理工学院的葡萄牙物理学家发表了一篇论文，指出光速这个恒定的基本量可能还是会有些许变化。

光速真是个常数吗?

当宇宙学家回顾宇宙的起源时，会发现一些令人不安的矛盾。假设在过去某个时间点发生了大爆炸，现在人们认为大约是137亿年前，那么光在宇宙中传播的最远距离就是每秒30万千米的速度乘以这个时间。但有一些证据表明，光走得更远。宇宙的各部分之间的距离大于这一计算出的距离，这表明它们之间曾相隔很近——但是，宇宙中最快的速度也不能弥补这个差距，这怎么可能呢?

最常见的解释是暴胀，即在宇宙早期，空间本身就像气球一样膨胀，增加了额外的距离，使得光无法在137亿年时间内穿越完宇宙。但若昂·马盖若（João Magueijo）博士提出了一个截然不同的主张——如果光在宇宙早期运动得比现在快得多呢？这种“光速可变理论”并没有被广泛接受，但同样也没有被证明是错误的。只有可能是光速这个最恒定的物理量也会变化。也许，我们在第9章中探讨隧穿时就会发生这种情况。或者也许是时间本身没有像我们现在所理解的那样流逝，我们距离大爆炸的时间还不久。从宇宙学的角度来看，这些推测并不会改变我们今天所知道的光的事实——光的速度不会改变。

爱上颜色

如果我们回到历史中，了解人类为理解光而斗争的缓慢发展过程，就会发现有一个人伫立在浪潮之巅。他的名字并不家喻户晓，当然也没有得到他应得的名声。然而，正是这个人，把法拉第的思想具体化，使人们真正地理解光，这标志着现代光科学时代的开端。也正是由于这个人的工作（加上自己也是个天才），爱因斯坦才提出了相对论。这个人就是詹姆斯·克拉克·麦克斯韦。

麦克斯韦1831年出生于爱丁堡，很小就表现出数学天赋和对自然的迷恋。他的家庭经济宽裕，童年是在加洛韦米德比的格伦莱尔庄园度过的，他对自然的兴趣爱好是受父亲约翰·克拉克·麦克斯韦（John Clerk Maxwell）的影响。作为一个男孩，麦克斯韦充满热情地陶醉在科学技术的新时代。他痴迷各种技术，经常帮助家里的朋友——格拉斯哥大学的教授休·布莱克本（Hugh Blackburn）制造热气球。但是颜色，美丽而丰富的颜色，尤其是晶体受到压力和扭曲时产生的颜色（他把它们描述为“华丽的颜色纠缠”），引起了他对科学研究的兴趣。

麦克斯韦的童年美好时光没有持续太久，8岁时，母亲弗朗西丝死于癌症。在接受了私人教师一段时间的辅导后，麦克斯韦进入爱丁堡中学。由于麦克斯韦的年纪比其他同学要小，爱学习、不爱游戏，另外，有口吃和很重的乡村口音，他经常受到学校霸王的欺负，他们给小麦克斯韦起了个绰号叫“Dafty”（意为小傻瓜）。多年来，这个绰号一直伴随着他。但至少在假期里，他可以回到格伦莱尔，回到熟悉的乡村，在那里他可以尽情探索世界而不被嘲笑。

麦克斯韦在16岁中学毕业时，已经足够优秀，因此进入爱丁堡大学，但三年后他转到更注重物理的剑桥大学。他在彼得豪斯学院学习了一学期后，转到牛顿曾经待过的地方——三一学院。麦克斯韦转系似乎是为了找到一个更合适的导师。他的朋友彼得·泰特（Peter Tait）曾评价说，他“有大量的知识，这对他这么年轻的人来说确实极其优秀，但对于办事有条不紊的导师来说，他的作风实在有点混乱”。爱丁堡大学的詹姆斯·福布斯（James Forbes）教授对三一学院的院长说：“他的举止很粗鲁，但他是我见过的最有独创性的年轻人之一。”

最有独创性的年轻人

从一开始，麦克斯韦就受到法拉第的启发。1854年，当麦克斯韦从剑桥大学毕业时，他写信给他的导师、苏格兰同胞威廉·汤姆森（William Thomson），说他打算在法拉第的工作的基础上开始研究电。麦克斯韦很快扩大了兴趣，和其他真正伟大的科学家一样，他的天才在于他能够超越自己领域的狭隘理解，吸收其他领域的思想。他喜欢用图像的方式理解事物，用直观的方式与物理的其他方面进行类比，并以同样直观的方式处理数学。对麦克斯韦来说，抽象的方程和真实的物理世界之间有着坚实的联系。1873年，回顾他的职业生涯时，他说：

> 我一直认为数学是获得事物形状和尺寸的最佳方法，这不仅意味着数学是最有用、最经济的，而且主要是它最和谐、最美丽。

通过与物理学的其他分支进行类比，他成功地完成了前人没有完成的任务——描述光是如何工作的。和许多最伟大的发现一样，在一定程度上来说，这个发现是个意外。在思考电和磁以及它们相互作用的方式时，他研究了这些看不见的力与流体在管道中的流动方式之间的相似性。把看不见的以太当作一种流体，他能把电和磁的各个方面联系起来，从而产生了意想不到的结果。他发现电波和磁波在以太中传播时可以互相生成，但前提是它们必须以一个特定的速度移动。当麦克斯韦计算出这个速度时，他惊奇地发现，这个速度正好是光速。

在法拉第推测的刺激下，麦克斯韦大胆地假设，光实际上是磁波和电波的相互作用。在计算相互作用的速度时，他解释道：

> 这个速度非常接近光速，我们似乎有充分的理由相信光本

身（包括热辐射和其他辐射，如果有的话）是一种电磁扰动，根据电磁规律，它在电磁场中以波的形式传播。

麦克斯韦摈弃他的机械流体类比，继续将这一理论完全推广到已知的电和磁行为中，最终他得到了描述这些电磁波工作原理的八组方程，挖掘到了光最深处的秘密。数学天才麦克斯韦的这些作品后来被另外两位物理学家——奥利弗·赫维赛德（Oliver Heaviside）和海因里希·赫兹（Heinrich Hertz）简化为四个简洁的方程，与其他几个方程一起可以描述“万物工作原理”。我们稍后会回到这些方程，但首先让我们探索麦克斯韦对光极其简洁的描述和它的威力。

自我引导

根据麦克斯韦的描绘，光是一种平衡的行为，一个不断自我创造的奇迹。运动的电产生磁，运动的磁产生电。法拉第已经证明了这两个事实。光是这两种形式以恰当的速度相互作用的结果，电波支持磁波，而磁波本身也支持电波。这是一台完美的、自我维持的“永动机”。

光能自我引导运动前进。除非光保持确定的速度，否则电就不会产生足够的磁，磁也不会产生足够的电，整个微妙的平衡就会崩溃。正是这个速度使麦克斯韦实现了飞跃，从理论上描述电和磁之间的相互作用，来理解光的基本机制。麦克斯韦的理论只有在波以这个特定的速度运动时才成立，而它恰好等于光速，这太巧了。

麦克斯韦方程组的详细原理很数学化，没有包含光，但方程组本身的最终形式非常简单明了。方程朴实无华，美不可言。如果你对方程组的思想不感兴趣，不要试图把它当成数学，只要想想这个紧凑的方程组是如何揭开光本身的秘密：

$$\nabla \times \mathbf{E} = -\frac{\partial}{\partial t}\mathbf{B}$$

$$\nabla \times \mathbf{U} = -\frac{\partial}{\partial t}\mathbf{D} + \mathbf{J}$$

$$\nabla \cdot \mathbf{D} = \rho$$

$$\nabla \cdot \mathbf{B} = 0$$

这些公式看起来有点奇怪，因为它们处理的不只是一维方程。方程中的倒三角符号描述的是物理量在三维空间中的变化。但这些方程的意义很简单。第一个方程是对法拉第定律的改写，显示的是变化的磁场如何产生电场。第二个方程描述了电流产生磁场的方式。第三个方程描述的是产生的电场和电荷（产生或失去的电子总和）之间的直接关系。最后一个方程，解释了为什么磁体总是同时拥有北极和南极，也就是说不存在孤立的磁极。

定义颜色

尽管麦克斯韦成功地揭示了光的核心是电和磁的不断相互作用，这成为他对科学的最大贡献，但早期他痴迷于颜色也得到了一些意外发现。

他在这方面最大的贡献是排除了牛顿的一个小错误。牛顿虽然深知光的混合颜色和油漆中混合颜料不一样，但他声称绿光可以由黄光和蓝光混合产生。麦克斯韦采纳了他原来在爱丁堡的教授詹姆斯·福布斯的观点：蓝色和黄色混合不会变成绿色，而是“黄灰色或柠檬黄”。利用托马斯·杨首先提出的红、蓝、绿三原色理论，麦克斯韦首次把眼睛感知颜色的清晰图景勾勒出来，眼睛获取三原色的地方不同，从而可以解释色盲是眼睛的某些结构出现了问题。和以前一样，麦克斯韦把数学和实验结果结合在一起后，研究工作取得了巨大成功，第一次用数学的形式描述了三种原色如何结合在一起，从而产生了色彩。电脑屏幕和电视机至今仍运用他的方法来产生色彩。

麦克斯韦对摄影也很感兴趣，由于当时只能拍黑白照片，他决定把他的色彩研究引入摄影领域。尽管彩色摄影在一百年后才开始逐渐普及，但早在1861年麦克斯韦就成功地制作了第一张真正的彩色照片。他的拍摄过程需要长时间曝光，所以他的摄影师托马斯·萨顿（Thomas Sutton）选择了一个静态的拍摄主题，一个能表现出麦克斯出身的主题——一条苏格兰格子呢缎带。

麦克斯韦拍出全彩照片与其说是认真的科学，不如说是侥幸。当时他不知道，色盘对红色不敏感，所以格子呢缎带应该是模糊的蓝色、黄色和绿色组合。然而，他和萨顿使用的化学物质恰好对紫外线很敏感，而紫外线恰好由格子呢中的红色染料产生。在最终的合成图中，紫外图像被染成了红色，在完全偶然的情况下，生成了与原型相似的图像。

第7章 以太之死

更多的光！给我更多的光！

——约翰·沃尔夫冈·冯·歌德

我们不应该如此狭隘：用眼睛可以直接探测到的东西，并不是世界上唯一的东西！

——理查德·费曼

麦克斯韦对光的电磁性质的惊人成果，为20世纪许多最基本的科学发现奠定了基础。尽管麦克斯韦的洞察力很强，但他对光做了一个非常不准确的假设。到了19世纪末，美国人阿尔伯特·迈克尔逊无意中发现了真相。在此之前，19世纪天资聪慧的科学家已在光的领域有了许多新发现。

麦克斯韦是从力的角度定义光的，而不是从眼睛探测能力的角度来定义。不从眼睛的角度出发，他的理论就可以匹配新发现的“颜色”，这些“颜色”将光谱扩展到可见光范围之外，一端超过红色，另一端超过紫色。在巨大的颜色范围中，我们的眼睛所能看到的光只占据了一小部分，其他部分我们没法看到。如果把所有光（包括可见光和不可见光）用彩虹的色彩来表示，那么我们能看到的只是绿色中的一小部分。有些情况下，光的定义只适用于可见光谱，这种情况下，“光”比整个“电磁辐射”的范围要小得多，所以我们还是让“光”包含可见和不可见的光线吧。

国王的天文学家

在法拉第和麦克斯韦之前，就有迹象表明不可见光可能存在。早在19世纪初，天文学家威廉·赫歇尔（William Herschel）就有了一个惊人的发现。

作为一名科学家，赫歇尔有着不同寻常的背景。1738年他出生于汉诺威，是汉诺威禁卫军乐队指挥之子。因此他很早就对音乐产生了兴趣。14岁时，赫歇尔加入了他父亲的乐队，但是当时的军队乐队成员不能在军营里待太久。四年后，他作为国防部队的一员被派往英国（当时汉诺威是英王乔治二世的属地），以防法国入侵。

赫歇尔回到汉诺威后，很快申请退役，随即得到批准。由于某些原因，有人曾说赫歇尔是被军队开除，但没有证据证明这一点。一旦摆脱了军事管理体制的束缚，他就渴望回到音乐领域。他曾在英国过得很愉快，在那里学会了一点英语，所以1757年他和兄弟雅各布（Jacob）一起去了伦敦。刚开始，他们没有打算永远待在伦敦，但是后面发生的事超出了赫歇尔的预料。

不久之后，由于出色的管风琴演奏技艺，赫歇尔得到一个在英格兰北部的哈利法克斯的职位，但这份工作的薪水并不高，所以他得继续寻找薪水更高的工作。由于赫歇尔的才华和国际化的社交技巧，在最受时尚界欢迎的巴思八角形教堂里，他赢得了一个演奏管风琴的职位。不演奏的时候，他私下里教学生音乐，有时也作曲。成为一名成功的音乐家后，赫歇尔住在英格兰最高档的度假胜地，他并不缺钱，而且有了越来越多的空闲时间，因此开始学习天文。

对当时的许多有钱人来说，玩天文就是一时兴起，赫歇尔最初似乎也是如此。当时他租了一台小望远镜，偶尔用它看看星空，但他真正的兴趣是想自己制作望远镜，为此他搬到巴思优雅的新国王街的一座大房子里。赫歇尔没有仪器制作的经验，但他的妹妹卡罗琳（Caroline，此时帮他操持生活）和弟弟亚历山大（Alexander）都是热心的帮手。在制作望远镜的过程中，抛光以及把金属板塑形成完美的镜面等步骤都需要反复试验，并且很容易失败。因此制作望远镜很需要热情。到了1774年，他已经建造了自己的望远镜，镜筒有5英尺（约1.5米）长，终端是8英寸（约20厘米）口径的镜子。

他在天文学上最伟大的成就是在一架小望远镜中实现的，望远镜是他在离新国王街不远的地方新买下的一幢房子里制造的。通过小望远镜，他发现了一颗新天体，他认为是新的彗星，但实际上是一颗此前没被发现的行星——天王星。此时，赫歇尔已经迷上天文学了。他并不满足于此时拥有的望远镜的观测能力，决定超越前人，建造一台巨大的望远镜，在一个足足30英尺（约9米）长的镜筒里配置一面3英尺（约90厘米）口径的主镜。

仅仅制作镜子就是一项危险的任务：在他屋子密闭的地窖里，把熔化的金属倒进用干马粪做成的模子里。这时，赫歇尔有工人帮忙，倒也无妨。镜子还没凝固，模子就裂开了，炽热的金属洒在石板地上。石板无法承受高温裂开了，碎石片像榴霰弹一样飞过房间，由于碎片四处乱飞，有的还会从天花板上弹回来，可怜的工人们只好向门口跑去。

赫歇尔第二次尝试制作大镜子成功了。很快他的名声就超过了皇家天文学家。国王乔治三世热衷于科学，尤其对天文学感兴趣。如今，人们更记得他的疯狂堕落，而不是他对科学的资助。他对赫歇尔的工作印象深刻，为此给赫歇尔开设了一个特别的职位——国王的私人天文学家。赫歇尔终于可以放弃音乐，一心致力于他所钟爱的天文学，但这是要付出代价的。赫歇尔在巴思那舒适的房子离宫廷太远了。他将不得不搬到一个更方便的地方，最终迁往斯劳。

现在的天文台址不太可能选择伦敦西部这个肮脏的工业城镇，但在当时它只是一个村庄，离首都有一天的路程，并且在足够远的乡村，可以避开烟、光和热造成的观测图像变形，并且去温莎附近的皇室官邸也很方便。在斯劳，赫歇尔建造了有史以来最大的望远镜——一个庞然大物，主镜口径达49英寸（约1.25米），镜筒长达40英尺（约12.2米），望远镜安装在一个由木杆和梯子组成的巨大木质结构中，望远镜可以倾斜和转动，可以指向任何一个天区。

大望远镜的观测能力强，但大望远镜很难操纵，而且它的光学系统很奇怪，没有副镜，而是倾斜主镜角度，把光聚焦到镜筒一侧。赫歇尔设计的这架大望远镜很难看到天体清晰的图像，而且也没有得到过像他最初制造的小望远镜那样激动人心的结果。但这对赫歇尔来说并不重要，因为他对光的历史做出的重大贡献甚至都没有用到望远镜。

光带来的热

赫歇尔在斯劳的家和工作场所——天文大楼——不仅仅是一个安置望远镜的地方，它还是一个全面的科学实验室。1800年，也就是杨发表关于光和颜色的论文的前一年，赫歇尔像牛顿一样，让一薄层太阳光线落在棱镜上。赫歇尔当时正在研究颜色光谱的加热效应。自古以来明摆着阳光是温暖的。此前不久，随着温度计的发明，人们注意到这不仅仅是一种主观的观测。如果把温度计放在阳光下，随着光线的加热，温度计读数会上升。

赫歇尔对光谱中颜色的不同表现方式很感兴趣（虽然他不知道杨已经断言：颜色变化的原因是波长不同）。他没有把温度计直接放在阳光下，而是对不同部分的光谱分别进行了试验。尽管赫歇尔热衷于制造更大更好的望远镜，但在这个实验中他的设备却非常简单。他用一个传统的棱镜把光谱投射到屏幕上，屏幕像剃须镜一样固定在一个可移动的架子中。在屏幕的中间开了一条缝，它让很窄的一部分光谱继续落在温度计上。当赫歇尔移动狭缝以让不同部分的光谱通过狭缝时，他发现温度计读数有相应的变化，红端温度更高，蓝端温度更低。

由于一生都在进行恒星研究，赫歇尔在确定天体位置时非常细心。确定它们的精确位置需要精确的测量。当他开始光谱实验时，他想确切知道红端的终点在哪里。他不相信自己的眼睛，还是继续测量，把屏幕狭缝移得越来越远，超过光谱红色端进入空白区域。令他惊讶的是，温度计读数一直升高，持续了很长一段时间。这说明，光谱并没有在可见的红光的末端突然中断，而是有光线在以一种不可见的形式继续发光，并且具有更强的加热能力。他把红光之外的这种光称为红外线。

赫歇尔一直从事天文研究，直到1822年去世。他发表红外线的发现结果后，马上启发了另一位科学家去探索光谱的另一端。毕竟，如果光谱一端不以红色结束，那么另一端为什么会以紫色结束呢？这个科学家就是德国的约翰·里特尔（Johann Ritter），为了让猜想变成现实发现，他迈出了摄影的第一步。

紫色之外

现在人们认为摄影背后的基本概念可以追溯到很久以前，甚至可以追溯到13世纪。罗杰·培根早期深受巴伐利亚牧师阿尔伯图斯·马格努斯（Albertus Magnus，也就是后来的圣师阿尔伯图斯）的影响，阿尔伯图斯大多数时间在巴黎大学教书。正如培根被称为“奇异博士”，阿尔伯图斯被称为“万能博士”，因为他对自然界的方方面面都很精通。他翻译引入阿拉伯著作，很大程度上恢复了古希腊科学的发展。由于他对异国的兴趣，别人称他是炼金术士和魔术师，他也无意摆脱别人的嘲讽。后来的许多关于培根的故事，包括会说话的铜头，其实最初是关于阿尔伯图斯的故事。

一些资料表明，阿尔伯图斯是第一个注意到含银的化学物质暴露在光线下会变黑的人，不过也有人认为这应该归功于两位17世纪的人物——矿物学家格奥尔格·法布里克斯（Georg Fabricus）和化学家安吉洛·萨罗（Angelo Salo）。可以确定的是，1727年，约翰·海因里希·舒尔茨（Johann Heinrich Schulze）发现一种特殊的银盐——硝酸银，当用模版将图片投射到银盐上面时，它会保持较暗的图像。尽管又过了一百年才制作出第一张真正的照片，约翰·里特却开发了这种粗糙技术的功能。

1801年里特读到赫歇尔的发现，并意识到很难用温度计探测紫光以外的不可见光，因为紫光以外的光加热效应越来越弱。相反，他认为所有的光都会引起硝酸银颜色的变化，而不仅仅是可见光谱部分的光。他的猜测得到了证实。他把纸张浸泡在硝酸银中，然后用可见光谱以外的光照射后，它变黑了。六十多年后，麦克斯韦才确定光是什么，在此之前，光的拼图上又添了一块——紫外线。

麦克斯韦的遗产

麦克斯韦的工作为进一步探索光谱提供了动力。德国卡尔斯鲁尔技术学院的物理学教授海因里希·赫兹对麦克斯韦的论点印象深刻，他想做一个实验来证明麦克斯韦方程的真实性。1888年，他制造了一个简单的装置来演示奇怪的电磁波相互作用。它看起来像电影《科学怪人》里的道具。赫兹在木架上放了一根约30厘米长的铜棒，中间有一个小缺口。当有高压振荡电流穿过缺口时，会产生火花。

为了完善实验，赫兹把房间完全涂黑。实验时，房间里火花嗡嗡作响，闪着电光，看上去一定很可怕。在房间的另一边也放了一根类似的铜棒，中间有个更窄的缺口。一开始，黑暗中的赫兹除了第一根铜棒的火花外看不到其他东西，但渐渐地，他的眼睛适应了黑暗。他看到了他所希望看到的东西，在这之前他还不确定这种现象是否会出现。他在第二根铜棒的缺口上也看到了微弱的光亮，说明火花会在铜棒之间传递。

电磁波以光的形式穿过缺口，产生第二个火花，但是这是个什么样的光波呢？仪器的两端没有看到可见光。根据铜棒的长度和电流的振荡频率，赫兹可以计算出这种新形式的光在光谱中的位置，然后他发现这个波的频率远低于红外线的频率。赫兹认为他的实验是一个有用的证明，在增加对光的理解方面很有价值，但是他对寻找实验中“电波”的实际应用没有兴趣。年轻的意大利发明家伽利尔摩·马可尼（Guglielmo Marconi）读到关于看不见的电波的文章后，认为有可能在电报站之间不需要任何导线就能发送电报信号了。赫兹的简单演示给马可尼的无线电报以及我们所有的广播通信提供了基础，那就是无线电。

X射线

1895年，马可尼成功制造了他的第一个无线电设备。同年，一位德国科学家偶然发现自己在实验中探测到了光谱的另一端。威廉·康拉德·伦琴（Wilhelm Conrad Röntgen）原本根本就不打算研究光，当时他正在研究一种叫作阴极射线管的神秘装置。

英国科学家威廉·克鲁克斯（William Crookes）一直在做小型的闪电实验，在两个金属尖端之间发射电火花。为了类比地球上空不同高度的闪电，克鲁克斯想在不同的大气压强下试验他的微型闪电。他把金属尖端封在玻璃管里，然后抽出玻璃管中的一些空气。但是随着压强的降低，火花消失了。相反，一种奇怪而令人不安的光芒充满玻璃管。当他进一步降低压强时，无形的光芒消失了，取而代之的是玻璃本身开始发光。

克鲁克斯迷上了引起这种辉光的神秘射线，后来这些射线被称为阴极射线，因为它们似乎来自负电点——阴极。他证明了阴极射线撞击金属板后可以产生阴影；在磁场的作用下，阴极射线会偏转；阴极射线会改变玻璃或特殊荧光材料上的图案。（在液晶显示屏和等离子显示屏出现之前，磁铁偏转阴极射线被用于电视机和电脑显示器上生成图像。）尽管名字中含有“射线”二字，但克鲁克斯相信阴极射线实际上是带负电荷的粒子流，而许多和他同时代的人则认为它们是电磁射线，与光有关。克鲁克斯还注意到，放在阴极射线设备附近的摄影底片会“起雾”变黑，最终作废。他甚至退了一批底片给制造商，抱怨底片质量有问题。

首个阴极射线管被制造出来时，伦琴刚刚出生。伦琴出生后的最初三年生活在德国，1848年他和家人移居荷兰，他们一家人都成了荷兰公民。成年后，他先在欧洲的几所大学里游学，后来定居在维尔茨堡，并在那里获得了物理学教授的职位。和许多同时代的人一样，他也迷上阴极射线的鬼魅表现。

一天下午，伦琴正在用克鲁克斯管做实验。为了不让管内的光外露，他用黑色的硬纸板包着管。克鲁克斯管外有一个涂有铂化钡的屏幕。在这种情况下，当伦琴给克鲁克斯管通上电时，屏幕在实验装置旁边，克鲁克斯管没有指向屏幕。令伦琴惊讶的是，屏幕开始发光了。

屏幕本是不应该发光的，组成阴极射线的电子流从克鲁克斯管的前端流出，当它击中目标时，似乎有什么东西从旁边飞了出去，那东西能量很大，足以穿透黑色的纸板。在排除了阴极射线自身逃逸的可能性之后（阴极射线作为一种电粒子流，可以被磁体偏转，而这些东西不能被磁体偏转运动方向），很明显他发现了一些新东西。可能是一种能穿透物体的新光线，而普通光是没法穿透这种物体的。

当伦琴在维尔茨堡物理医学学会上展示他的发现时，他把这种新型光称为X射线，用X表示未知和神秘。后来X射线被正式命名为伦琴射线，但已经太迟了。“伦琴射线”这个更具意义的名字被封存，而“X射线”则延续使用。由于这一发现，伦琴获得了1901年诺贝尔物理学奖，是该奖项历史上的首位得主。

X射线的神奇表现让伦琴无法相信它们是光的一种形式。在论文中，他指出，X射线似乎没有光的各种作用方式。伦琴努力寻找“此光非彼光”的解释时，突然想到了一个有趣但完全不正确的想法：当时人们认为光是在以太中传播的横波。如果这个新发现的X射线，像声音在空气中传播一样，通过挤压和放松以太传播——伦琴称之为纵波，那么结果会怎样呢？这是一个很好的想法，但实际上麦克斯韦很早就证明了光是电磁波。

事实上，X射线是比紫外线波长更短的光，伦琴在确认X射线时遇到的问题仅仅是X射线的高能量和短波长造成的。没过多久，他就发现X射线的各种表现符合光的行为，因此稳固确立了它在光家族中的地位。然而，伦琴论文中的一张骨骼照片立刻吸引了媒体注意。他让X射线穿过妻子的手，随后，光线落在照相板上，拍出了手的骨骼照片，这是人类第一次看到人体内骨骼的影像。很显然，这项技术会在医学上得到很大应用，但它的普及则与“透视眼”的新颖性有着密切联系。进入20世纪，业余电子杂志上随处可见这样的文章，有人冒着极大的危险自己动手制作X射线工具取悦亲戚朋友。

完整的光谱

业余杂志上的文章对电磁波谱的研究没有任何推动作用。相反，欧内斯特·卢瑟福（Ernest Rutherford）研究物质本质时，加深了人们对电磁波谱的理解。卢瑟福是新西兰人，1898年到1907年，他在加拿大的蒙特利尔大学工作，其间取得了他的最伟大的发现。后来卢瑟福到英国，先在曼彻斯特大学任教，然后入职剑桥大学。我们今天仍在使用卢瑟福提出的原子模型——一个带正电的致密原子核外围绕着一团带负电的电子。卢瑟福之所以能提出原子模型，放射性现象起着很重要的作用。

1896年伦琴发现X射线之后，法国人安东尼·亨利·贝克勒尔（Antoine Henri Becquerel）发现了放射性的存在。和伦琴一样，贝克勒尔的发现也是一次意外。他在感光板上放了一些铀元素的盐，发现覆盖着盐的感光板变黑了。因此他断定铀会自发地释放能量，后来这种现象被称为放射性。不过，卢瑟福发现放射出的物质有两种，他将其命名为α和β。

卢瑟福证明了β射线实际上是和阴极射线相同的电子流，只不过能量比阴极射线要大得多。与阴极射线一样，在适当的强磁体作用下，电子会偏离原本的运动方向。最初，α射线在磁体作用下没有显示出弯曲的迹象，但最终在强磁体的作用下，它也被弯曲了，弯曲方向和β射线的弯曲方向相反，所以两种射线都是粒子。后来发现带正电的α粒子是氦原子核。在这两种粒子流偏离方向后，卢瑟福发现还有第三种粒子流存在，即γ射线。像X射线一样，这些粒子一点也不受电和磁的影响。因此这是能量甚至比X射线更高的高频电磁波。

现在已知的整个光谱范围（图7.1），从波长数千米的极低频射电波段到宇宙线——从河外星系传到地球的超强γ射线，波长约为一百万亿分之一米，波长虽不同，但都是相同的光现象。在连续光频谱中没有断点，也没有区别。我们对其进行区分完全是任意的。碰巧有很小的一段光谱（波长在一百万分之一米左右）会影响眼睛，被我们称为可见光波段，但可见光和其他波段的光的区别纯粹是眼睛反应能力不同——除了波长或频率之外，各个波段的光没有任何区别。

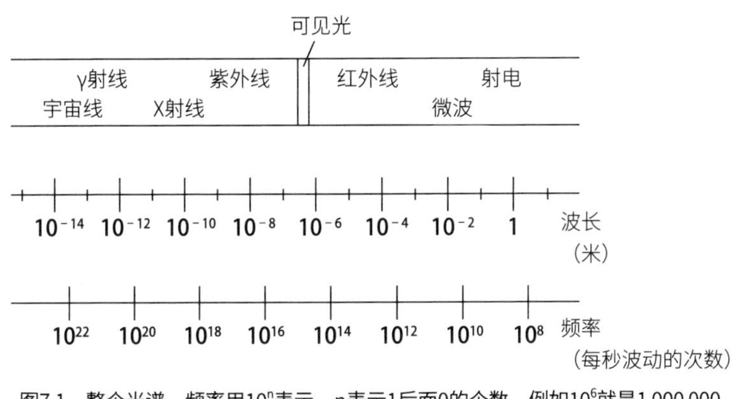

图7.1　整个光谱。频率用10^n表示，n表示1后面0的个数，例如10^6就是1 000 000。波长用10^{-n}表示，即$1/10^n$，因此10^{-6}就是1/1 000 000

银变暗了

如果说不可见光在广播、电视和移动电话领域引发了全新的通信技术，那么在可见光谱下的发明也应该同时不断涌现。里特在寻找紫外线时使用浸过硝酸银的纸张，然后纸张变暗，这给了别人一些暗示。第二年，也就是1802年，此时迈克尔·法拉第还没出生，汉弗里·戴维就已经意识到使用变暗的银来制作照片的潜力。

戴维和韦奇伍德陶瓷的创始人乔赛亚·韦奇伍德（Josiah

Wedgwood）的儿子托马斯（Thomas）一起试验了光对银化合物的影响。陶瓷参与这样的科学实验，听起来似乎不太可能，但值得注意的是乔赛亚・韦奇伍德和托马斯・韦奇伍德都是狂热的业余科学家。对于陶瓷制造商来说，他们感兴趣的是，找到一种复制图片的方法，从此不用在陶瓷上进行手绘。韦奇伍德和戴维设法在纸和皮革上产生了一些令人印象深刻的图片，但都有一个大问题——除非在完全黑暗的环境中，否则图片很快就消失了，因为光能把所有的银化合物变成黑色，从而抹去图像。

另一位著名父亲（威廉・赫歇尔）的儿子约翰・赫歇尔（John Herschel）解决了这个问题。约翰出生在斯劳的天文大楼中。他从小所处的环境就充满了科学氛围，他的血液中都流淌着科学分子。凭借自己的能力，他成了一名出色的天文学家，他带着望远镜一直到非洲大陆最南端的好望角去观测南半球的星空。赫歇尔对消除银基图像变黑很感兴趣，这在当时颇具挑战。在用一系列不同的溶液进行实验后，他发现用一种特殊的化学物质——亚硫酸钠清洗图像，可以去除尚未对光线产生反应的银，这样白色的图像就不再变黑。图像能够固定下来而不会立即消失后，摄影成为天文学的重要组成部分——尽管直到1839年赫歇尔才想出“摄影”这个名字（他还创造了“底片”一词，用来指代黑白颠倒的图像）。

赫歇尔可能解决了一些摄影中的技术问题，但显然还是没有到最后一步，即制作一张照片。当时人们疯狂地尝试制作这些能自我绘制的图片，因此很难确定谁是第一个完成照片的人，但现存最古老的照片是法国物理学家约瑟夫・尼埃普斯（Joseph Niepce）于1822年拍摄的作品。他在一块铅锡合金板上涂了一层“朱迪亚沥青”柏油制成感光金属板，然后用一个便携式照相暗箱把风景图像投影到金属板上。金属板暴露在光线下的部分变得坚硬，而未暴露的区域保持柔软，很容易用合适的溶剂抹除。虽然底片曝光了8小时后才制成了照片，但可以说摄影革命已经上路了。

光绘摄影

尼埃普斯对理论感兴趣，但他的一个朋友路易–雅克–芒代·达盖尔（Louis-Jacques-Mandé Daguerre）想到了这门新科学的应用。达盖尔是一位艺术家，他的职业生涯始于为歌剧院画风景。这一经历使他有了自己独特的方法，能适应19世纪日益流行的巨幅油画的要求。他开始画巨大的全景画，将大量的细节融入作品中。达盖尔对尼埃普斯科学与艺术的结合非常着迷。特别是，与不那么世俗的尼埃普斯不同，他立刻发现了这种容易制作的艺术品的商业价值。他开始花大量的时间和尼埃普斯学习、合作，努力提高摄影工艺的实用性。

尼埃普斯去世后不久，达盖尔完善了制作永久图像的工艺，他谦虚地称之为银版摄影法。在尼埃普斯的基础上，他的一大进步是用碘化银代替沥青镀在铜板上，这样做的好处是只需曝光半小时。曝光结束后，用汞蒸气（一种非常危险的化学品，损害了早期许多摄影师的健康）使碘化银变色，然后用盐溶液固定图像。

达盖尔的技术在商业上取得了巨大的成功——就像之前的伽利略一样，达盖尔在竞争面前非常冷酷无情。在达盖尔之前，希波利特·巴耶尔（Hippolyte Bayard）首次展示了摄影工艺，真正对达盖尔的商业成功构成了威胁。由于科学家弗兰索瓦·阿拉戈（François Arago）的介入，巴耶尔失去了优势。阿拉戈曾通过实验证明了菲涅尔的衍射理论，虽然阿拉戈为菲涅尔挺身而出，表现出令人钦佩的独立性，但他在摄影史上的地位显然不那么可敬。他先说服巴耶尔对自己的制作过程保密，让他的朋友达盖尔有机会在没有竞争的情况下把自己的技术卖给法国科学院。

作为一名全景画家，达盖尔的题材大多是自然风景。现在已知的第一幅人像是在美国拍摄出来的，从此摄影技术从一种特殊的艺术形式走进了大众市场。1838年，电报的发明者塞缪尔·芬利·布里斯·莫尔斯（Samuel Finley Breese Morse）访问巴黎时遇到了达盖尔，被达盖尔的照片迷住了，回到纽约后开始自己拍摄照片。在从事科学实验之前，莫尔斯是一个非常成功的肖像画家和雕刻家。因此他想拍一张人体照片，这似乎是再自然不过的事了。第二年，在助手约翰·德雷珀（John Draper）的帮助下，他终于成功了。虽然拍出来的照片不是很自然，因为模特必须保持半个小时固定的姿势，并且为了让皮肤更亮还要在脸上打一层粉，但它的曝光时间仍然是摄影史上的一个里程碑。

底片和胶卷

此后，商业摄影流行之前，还要经过两次发展。第一次是在达盖尔创业后不久，当时的外部环境与达盖尔繁忙的巴黎工作室大不相同。英国人威廉·亨利·福克斯·塔尔博特（William Henry Fox Talbot）在拉科克的威尔特郡乡村长大，这里环境优美，周围的草地一直延伸到埃文河边，六百年前，索尔兹伯里伯爵夫人埃拉选定这里建造新修道院。亨利八世解散修道院之后，将这个15世纪的建筑遗迹卖掉，由于卖价很低，人们纷纷争相建造了私人住所。这座令人愉快、杂乱无章的住所一直是福克斯·塔尔博特童年时期的家和私密的游乐场。后来，作为一个成年人，他仍眷恋着这里。

当时福克斯·塔尔博特有一款很受欢迎的玩具——照相暗箱，可以把图像投射到纸上，然后就可以直接在图像上绘制草图。他听说过戴维的实验，也可能听说过尼埃普斯的作品，他想知道是否可以使用类似于他绘制草图的装置来冻结银上的图像。福克斯·塔尔博特称他的技术为光绘。尽管福克斯·塔尔博特的摄影技术是在达盖尔照相法发明之后才出现的，但他的工作不基于达盖尔照相法。事实上，达盖尔公开银版照相发明八个月之前，福克斯·塔尔博特就公布了他的光绘技术细节。福克斯·塔尔博特的方法与达盖尔照相法有一个很大的不同，那就是此方法证明了摄影技术宝贵的实用性，它没有产生像原始场景一样的正片，而是得到影子一样的反转图像，即黑色显示成白色，白色显示成黑色。

一开始，图像反转的缺点看似很烦人，后来的事实证明这是摄影的一个根本优势。光线照射底片后到达用照相化学品处理过的纸上，就会产生一张正片。一旦摄影师有了底片，就可以制作出大量正片，而达盖尔照相法是曝光后只能产生单一固定的图像。

要让简易摄影流行开来还有最后一步路要走，这步路花了五十年。无论底片的材料是金属、玻璃还是纸，都需要有人来处理和加工这些单独的、有特殊涂层的底片，因此摄影是一项只适合专业人士的高端技能。1884年，即将成立柯达公司的乔治·伊士曼

（George Eastman）制作了第一卷胶卷，它是一张可以在相机内一片一片移动的长底片。底片上有了一连串的图像后，就可以进行冲洗了。

解剖运动

伊士曼的胶卷引发了光基技术另一项意料之外的发展。胶片底片是为了让摄影师不用换底片就能拍出一系列照片。但如果将这个系列底片迅速连续曝光呢？其结果将是一系列的图像记录拍摄对象的运动，在胶片上将运动切片分解。

通过一系列照片记录运动的想法并不新鲜。由于加州赛马界长期以来都有关于马运动的争论，因此也有过类似想法。人类只有两种正常的运动方式——走和跑，走时总有一只脚踩在地上；跑时则有一段时间双脚同时离开地面。马的运动方式更为复杂，我们还不能精确得知马是怎么运动的。大家都知道，一匹马在慢跑和疾驰的时候都会“飞”起来——可以清晰地听到阵阵马蹄声——但谁也不知道马在奔跑的时候，是否能同时四只蹄离地。传说，曾担任加州州长的铁路大亨利兰·斯坦福（Leland Stanford）以前是一名赛马饲养员，他决定解决这个问题，不仅是出于好奇，也是因为他下了一个重大赌注。然而后来所有的证据都表明，这个2.5万美元的赌注根本就不存在，它只是当时报纸的一个花边新闻。

斯坦福找到了性格古怪的摄影师埃德沃德·迈布里奇（Eadweard Muybridge，原名爱德华·马格里奇）。19世纪50年代，迈布里奇从泰晤士河边的金斯敦郊区搬到了加州。斯坦福给迈布里奇提供了4万美元的巨额资助，让他抓拍小跑中的赛马。照片必须足够清晰才能确定马蹄是否同时离开地面。迈布里奇在一段短短的赛马跑道旁布置了一系列摄像机，有两种方法可以触发由橡胶带连接的快门，一种是跑马碰断提前布置好的线，另外一种是马车车轮碰倒电触点。迈布里奇的实验成功了，从拍摄的一系列的图片中可以明显地看出，马确实有一段时间在“飞”。同时迈布里奇也很清楚，他偶然发现了一个极好的赚钱门路。

这位爱炫耀的摄影师启程穿越大西洋，开始了他的欧洲演讲之旅，用幻灯机在大屏幕上展示他的照片。人们成群结队地进来听迈布里奇的故事，看那奔跑的马在时间中凝固的动作。他在皇家机构和学院等场所受到了热情款待。然而斯坦福没有得到相应的荣耀，他写了一本关于迈布里奇实验的书，迈布里奇却不认可书里面的内容。这对合作伙伴就这本书进行了一场旷日持久的官司：斯坦福有钱打点，最终赢得了官司，但后人则给了迈布里奇更多的赞誉。迈布里奇接着进行了大量关于运动的研究（这些研究似乎经常涉及不穿衣服的女性，他辩称，这只是为了能更清楚地研究人类的运动）。更重要的是，他发明了一种叫作“活动幻灯机”的放映机，它可以重复播放一系列的运动图像。1893年，他甚至为此在芝加哥的哥伦比亚世界博览会上建造了第一个专门的电影院。他把图像围绕在一个圆盘周围，演示很短，可能只持续了几秒钟，但这是第一个真正的投影运动图像。

如果一系列图片以足够快的速度一幅接一幅展示出来，结果就是给人一种自然运动的印象。当迈布里奇在银幕上重现生物的运动时，观众感到特别惊奇。自维多利亚时代以来，这种效应被称为

“视觉暂留”，即残留影像混合在一起，形成运动的图景，但随着对大脑深入理解的发展，这种解释被证明是错误的。

投影到大脑

现在我们已经很清楚，视觉后像在原始图像停止投影后大约50毫秒才会形成，而电影帧与帧之间的时间差比这个时间要短。早期电影摄影术的实践经验表明，为了蒙骗眼睛，照片每秒钟要更换50次左右。早期的无声电影以每秒16帧的速度拍摄，每帧放映3次，而有声电影以每秒24帧的速度拍摄，每帧放映2次。图像在屏幕上停留的时间太短，因此很难看到闪烁。视觉暂留也不能解释我们在屏幕上看到的明显运动的原因，因为即使暂留有效，它也只会导致多个图像叠加在一起，而不是逼真的运动。

我们之所以能看电影和电视，是因为大脑有能力把它所接收到的实际视觉信号替换成它认为正确的内容。在大脑内部，不同的视觉感知“模块”处理运动检测、目标和模式识别以及细节选择等需求。不同的模块不会处理单张图片，而是处理场景中的不同元素。眼睛的视网膜包含大约1.3亿个感光神经末梢。当光子进入视网膜后（感光器前后颠倒，敏感部分在后，这种不恰当的排列很可能是进化时出现的意外），会触发化学反应。这个反应将信号传回视网膜表面，不同神经末梢的输入信息在这里被结合起来，然后视神经将信息传送到大脑。这条神经的纤维比眼睛里的神经末梢要少得多，所以信号在这个阶段已经被处理了。

我们所“看到”的组合图像与其说是看到，不如说是一种错觉。它是对复杂输入的一种反应，是大脑处理运动、模式、细节等反应的组合。抑制电影帧间的闪烁，以及将静止图像合并成运动图像，是处理光学数据的各种复杂系统共同工作方式的副作用。

另一个类似的例子是大脑忽略了它所接收到的真实信息，也就是我们看到的明显静止的世界。在现实生活中，我们的眼睛大多时间是四处观看。无论我们是在看别人的脸还是书中的文字，我们的眼睛都会进行微小颤抖的运动，也就是所谓的扫视。从这些运动产生的视觉差异，大脑中的细节系统可以构建出比我们通过静态照相机拍摄更为复杂的图像。扫视的速度非常快，是身体所有外部运动中速度最快的，仅用0.01秒就可以扫视10度角视野。但我们无法应对这样一个混乱的前景，太多的信息被大脑滤掉了。这种对输入信息的歪曲就跟我们看电影时发生的现象比较接近，而并非视觉暂留。

银幕

早在19世纪中期人们就已经开发利用大脑将重复的、微妙变化的图像转化为运动图像的能力，如轮子的内侧粘贴着一系列的图画转动，或者用手指翻动书籍产生的动态效果。但是第一代迈布里奇的活动幻灯机，以及不久之后基于伊士曼电影的设备，表明图片可以来源于现实生活。随着灵活的底片胶卷的出现，全景运动图像——电影——变成了现实。

就像那个时代的许多发明一样，很难确定具体是谁发明了这个产品。1879年，迈布里奇首次使用他的活动幻灯机。1891年，托马斯·爱迪生（Thomas Edison）粗略提出了电影摄影机，奥古斯塔·卢米埃尔（Auguste Lumière）和路易斯·卢米埃尔（Louis Lumière）两兄弟采用这项技术并将其商业化。现存最早的电影是工人们离开工厂的画面，这个平凡（事实上，真的很无聊）的主题为许多早期电影设定了标准。影片的内容其实并不重要，只要是运动的，就足以给观众留下深刻印象。

1895年，卢米埃尔兄弟的电影在巴黎卡普辛大街的格朗咖啡馆公映。公映取得了巨大的成功，几天之内，卢米埃尔公司就开始大量制作非常短的电影，以满足公众的需求。伊士曼公司的胶卷的长度决定了电影的时长，80英尺（约24米）长的胶卷能够在屏幕上播放大约一分钟的镜头。卢米埃尔兄弟把他们早期的“摄影–投影机”称为“电影放映机”（Cinématographe），英语中的“电影”（cinema）一词就是由它演化而来。后来电影的发展都是由它本身的方式（例如，将不同的场景剪接在一起，而不是描绘连续的动作）和底层技术（如转向数字拍摄和编辑）所推动的，而光在这个过程中所扮演的角色没有发生根本性的变化。

新发明的灯

电影并不是爱迪生唯一涉足的光技术。他最著名的以光为基础的发明是电灯，在漫长的人工照明历史上，电灯算是到来得比较迟了。

几千年前，人们还不知道光是什么东西，但非常清楚光的价值，而太阳、月亮和星星这些明显的自然光源的可用性非常有限。当然自然界也有可利用的光源，例如，伽利略的辐射冷光的太阳海绵，腐肉上闪烁微光的细菌，还有萤火虫、深海鱼类和一些浮游生物等会发出天然磷光的生物。

早在公元前500年，就有关于这种由无数微小单细胞生物形成的海洋辉光的记录。1832年，查尔斯·达尔文（Charles Darwin）乘着著名的小猎犬号穿越南大西洋航行时，写道：

> 海水上有奇妙而美丽的亮光，白天看到的海面上的泡沫到夜晚都发着微光。船头驶过，两边磷光相拥，船尾一条白浪跟随。目光所及，每一个波浪都有亮光；而远处的海面反射着星光，夜空似乎也不那么漆黑了。

这种生物发光现象是化学能转化为光的反应结果——复杂化学分子周围的电子发射光子。这实际上是光合作用的逆过程，也就是说，跟空气中生成氧气、维持大多数植物繁盛的过程相反。这种自然生命维持机制的第一个线索是由约克郡的非国教牧师约瑟夫·普里斯特利（Joseph Priestley）发现的。18世纪70年代中期，普里斯特利发现，神职工作和他从大学时代起就感兴趣的科学研究难以兼顾，因此他抓住了为谢尔本伯爵二世威廉·佩蒂·菲茨莫里斯（William Petty Fitzmaurice）工作的机会。谢尔本想要一个图书管理员，要求此人要有敏锐的智慧，可以和他讨论文学问题，普里斯特利应聘成功。作为回报，谢尔本伯爵很乐意支持普里斯特利的科学工作。

与伯爵在一起工作期间，普里斯特利花了很多时间研究空气的性质。事实上，他成功地分离出了氧气，尽管他对氧气知之不多。

普里斯特利支持当时流行的燃素说理论，即物质中含有燃素的成分而易燃。他的一个实验是把一根蜡烛放在一个密封的钟形罩下。蜡烛在蜡用完之前停止燃烧，普里斯特利认为这是燃素已经耗尽了。他还发现，如果把老鼠放到罩子里，老鼠和空气也能同样互相“伤害”。幸运的是，他发现如果在罩子下面放一棵植物，那么“受伤”的空气和老鼠就有可能恢复。

后来，普里斯特利在光合作用方面没有取得任何进展，尽管他在化学方面有了其他发现，但是他继续过着风雨飘摇的生活，他的生活本身似乎充满了比想象中更多的燃素。不仅他的《基督教堕落史》一书被官方烧毁，而且由于他公开支持法国大革命，他的房子也被愤怒的暴徒烧毁了。由于和谢尔本伯爵在宗教上的分歧，普里斯特利早已离开他，移民到美国，在那里他的革命倾向得到了赏识。

就在普里斯特利发现老鼠和空气互相“伤害”四年后，荷兰内科医生让·英格豪斯（Jan Ingenhousz）又向前迈进了一步。当时在英国生活和工作的英格豪斯重复了普里斯特利的实验，将植物恢复老鼠活力的能力与太阳的能量联系起来。不幸的是，在黑暗中进行实验的老鼠再也没有恢复过来。只有植物有阳光时，老鼠才会复活。

为了了解光合作用，需要国际共同努力，最后是法国牧师让·塞内比尔（Jean Senebier）和瑞士科学家泰奥多尔·德·索叙尔（Theéodore de Saussure）完成的。1796年，在英格豪斯的研究完成二十年后，他们发现普里斯特利谈及的“受伤”的空气实际上是二氧化碳，植物在光照的刺激下吸收二氧化碳和水，从而产生氧气和生化碳链。太阳光照射到地球上后，只有很小一部分（不到百分之一）参与光合作用，但足以给地球的整个生命结构提供能量。令人惊讶的是，光合作用产生的能量，大部分不是被树木和草消耗的，四分之三的能量是被漂浮在海洋中的微小的藻类消耗。

光合作用的化学过程极其复杂，而且通常速度快得惊人，有些反应的速度仅为万亿分之一秒。植物吸收光后提升叶绿素等特殊着色材料中电子的能量，然后，光能以化学能的形式转移到植物内光合反应中心参与反应，通过基本反应产生氧气。不同的植物产生的氧气量不同，就体积而言，海洋里浮游生物的实际贡献最大，但是像玉米这样高产的作物，每公顷产出的氧气就足够300人呼吸。

火光

生物吸收光后能进行冷化学反应，但事实证明，没有太阳时天然的冷光源不足以照明。尽管有生物发光的例子，但在历史上大部分时间里，人造光与火焰是分不开的。火不仅有提供热量和烹饪的两个好处，而且燃烧反应的热量会激发燃料中的电子发出光子，产生亮光。人们注意到炊火可用于夜晚的照明，延长白天的时间，因此为了追求更轻便实用的照明方式，人们尝试了不同材料的光源。从圣经时代到19世纪中叶，人们大多是使用油灯和蜡烛。唯一真正的突破是引入了热罩——将金属或经过处理的织物制成的细网用火焰加热到白热，从而发出更均匀、更白的光。

油灯和蜡烛光源的统治地位首先受到的威胁，来自容易生产的天然气。一旦能够按需生产天然气，这种新燃料就可以在任何需要的时候提供照明。灯光本身并没有什么新鲜的——只是燃料变了。

最早的煤气灯只不过是一种扁平的喷火装置，容易发生危险，但使用热罩后，它们就比较容易控制了。

即便如此，使用煤气灯还是一件危险的事情，因此法拉第发明的发电机可能是个不错的选择。受法拉第发明的启发，法拉第以前的导师汉弗里·戴维用发电机让电流通过铂丝并加热到发光，但铂丝燃烧时间太短了，不能用来做灯丝。如果要用某种材料发热来提供光，那么它必须经得起热熔和燃烧。戴维还研究了电弧，也就是让电火花跨越间隙，产生强烈的白光。从19世纪60年代起，弧光灯在商业上就取得了成功（1862年，英国邓杰内斯的一座灯塔里实际使用了弧光灯），但要用它替代天然气或石油照明，也一直没有实现，因为极热的电弧比较危险，并且需要维护的部分也很多。

由于人们认为弧光灯的风险太大了，不适合用作照明，而使用灯丝的电灯寿命不长，所以有一段时间里，煤气灯的头号商业威胁来自其他地方——与阴极射线管有关的技术。早在19世纪50年代，海因里希·盖斯勒（Heinrich Geissler）就已经在做密封的低压管产生的辉光作为光源的实验。但实验证明，盖斯勒的低压管产生的光太弱了，无法实际应用。与此同时，许多人也在尝试跟随戴维的脚步，申请了一系列靠加热电线工作的电灯（即所谓的白炽灯）的专利。所有想以此成为百万富翁的人都失败了，直到神奇的1879年。

爱迪生与斯旺

1879年，实际上是有两个发明家和白炽灯的成功发明有关。爱迪生宣称自己是世界上第一个发明电灯的人，他的名字——托马斯·阿尔瓦·爱迪生——确实和电灯永远联系在了一起。爱迪生是典型的白手起家的美国人。有时人们会夸大他受教育比较少，以强调他是如何靠自己的力量来提升自己的，有些人声称他只有三个月的正规教育，真实性就不得而知了。但相比于在电灯历史上做出重大贡献的人，毫无疑问，他几乎没有受过正规教育。

事实上，爱迪生在密歇根州休伦港上过学。1854年，爱迪生的父亲塞缪尔在休伦港找到一份木匠的工作，因此他们一家从俄亥俄州的米兰小镇搬到了休伦港。当时，小爱迪生只有7岁。爱迪生独特的中间名“阿尔瓦”是为了纪念家族历史上的一位英雄——阿尔瓦·布拉德利（Alva Bradley）船长，他在伊利湖拥有一支船队。托马斯·爱迪生不是一个伟大的学者，部分原因是他的听力不好，根本跟不上课堂教学的进度。他10岁的时候，母亲南希·爱迪生（Nancy Edison）认为他从学校学习不到什么了，于是把他带回家亲自教。南希非常相信书籍的教育价值，幸好，爱迪生也已经掌握了阅读的基础知识，所以南希给爱迪生安排了一个速成课程，让爱迪生通过书本来学习。

南希把爱迪生从学校带出来后，也给他推荐了化学书，参照书本，爱迪生做了好多实验。没过多久，他的临时实验室被搬到了地下室，因为他把地面实验室弄得一片狼藉。12岁时，爱迪生找到了一份工作，在铁路大干线上当售货员。在那个时代，这个年龄的人被雇用是司空见惯的事，但爱迪生比较独特，他不仅在火车上做普通勤杂工的活，而且还有自己的实验室。大多数人为了糊口，放弃了他们年轻时的实验的梦想，而爱迪生却把工作视为一个成长的机会。

爱迪生说服老板让他使用一辆空车厢作为实验室，然后把所有的空闲时间都花在了实验上，先是做化学反应实验，然后是电机实验。爱迪生的兴趣不是纯理论的。从一开始，他就一直在实验中完善理论。跟随火车旅行时，他很快发现了一个利用移动基站作为通信工具的机会。他在实验室里添置一台小型印刷机，并推出一份周报——《大干线先驱报》，这时他还只有15岁，根据传说，爱迪生还在各个方面都有了突破。

有这么一个故事：那是一个阴雨连绵的夜晚，爱迪生在车站等车去执行任务。他看见一个男孩，是站长的儿子，在栏杆边玩儿。当火车进入车站开始减速的最后一刻，男孩摔倒在轨道上。由于附近没有其他人可以帮忙，爱迪生跳上铁轨，把男孩拖出铁轨。据说这位父亲为了感恩，教爱迪生如何使用电报，从而让爱迪生开启了一份新的事业，有机会在日后给电报系统制造复杂的装置。

这是一个"好男孩"的故事，但它可能只是励志小说。因为我们现在根本没有必要解释爱迪生的成功，他已足够伟大。他几乎不可能不知道电报，电报是铁路上的信息生命线。他对电气和机械设备非常迷恋，一有机会就钻研这些设备。一个12岁的男孩可以说服铁路公司让他使用一辆车厢作为个人实验室，那么他可以毫不费力地获得电报设备。

爱迪生利用一切机会收集有关技术发现和新发明的零碎信息。在他的移动实验室里，他开始逐步取得真正的进展。第一个成功的发明是改进后的电报，有了它，爱迪生很快就筹集到了足够的资金，能够把实验室从车厢搬到新泽西州纽瓦克的一个固定地方。在他的余生中，他和他持续壮大的团队不断做出各种发明，有些发明和留声机一样有名，有些发明（比如电笔）却默默无闻。但没有什么发明能比电灯的影响更大。爱迪生本人从一开始就对这种可能性印象深刻。当1879年电灯泡问世时，他以特有的谦虚说：

> 电灯的作用之大，超乎了我最初的想象。它的能量边界在哪里，只有上帝才知道。

爱迪生的灯泡获得了巨大的成功。虽然它是最早能实际应用的电灯之一，但显然不是第一个，只是最早中的一个。在爱迪生发明电灯的同一年，1879年，英国发明家约瑟夫·威尔逊·斯旺（Joseph Wilson Swan）爵士比爱迪生早八个月展示了自己的电灯泡，就像爱迪生的一样，灯丝是用碳丝制成的。斯旺本质上是一个科学家，而不是一个商人，他对爱迪生的专利申请并不在意。他也没有爱迪生的商业头脑。听到斯旺的早期发明后，爱迪生的回应是提起专利侵权诉讼。

专利法似乎总是偏向商业上更有实力的人，而不是最具独创性的思想家，但在这个案例中，法院认可了斯旺的早期发明，爱迪生败诉了。作为和解协议的一部分，爱迪生必须承认斯旺更早的独立发明，并成立一家联合公司——爱迪生和斯旺联合电灯公司来研发白炽灯。如果说爱迪生不配在名人堂占有一席之地是无礼的，那么斯旺作为实用电灯的真正发明者，却很少得到他应有的认可。

盖斯勒的发光管早期可能没有白炽灯那样成功，但在后来它们仍然很重要。20世纪初就已经存在使用发光管的衍生商业产品。如今，街灯、荧光灯和低能耗灯泡中经常可以看到发光管。这些灯都是依赖于将高压放电连接到充满低压气体的管子上，从而产生光。注入气体中的部分电能被气体分子中的电子吸收，随后，能量又以光子——光的粒子——形式释放出来。不同的气体（例如氖、汞蒸气和钠蒸气）根据其电子的自然能级，产生不同颜色的光。

然而，发光管有强烈的不自然的颜色。荧光管是基于同样的技术，但管内部涂有一种材料，当强光照射到灯管时，灯管就会发光。这些荧光粉发出的光的颜色不一定与放电产生的原始光的颜色相同。事实上，荧光管内的大部分光是不可见的紫外线。在减弱强度的情况下，产生的荧光可以更接近自然光的颜色。

随着电灯行业方兴未艾，煤气照明公司完全有机会参与进来。为了销售电灯，爱迪生必须提前建立电力网络给电灯供能，而且当灯泡和发电机的距离超过3公里后，灯泡就很难正常照明了。这时，煤气照明公司犯了一个典型的商业错误，它们试图用更大更好的煤气灯来对抗爱迪生和斯旺推出的电灯，而煤气灯行业是注定要退出市场的。

蓝天

多年来，人造光厂商尝试复制各种颜色的自然光。事实证明，这操作起来异常困难。另一方面，人们对太阳光的秘密还知之甚少。既然人类对光感到好奇，就有人试图解释为什么阳光会使天空变成蓝色。明亮的黄色光怎么能把天空渲染成如此不同的颜色呢？人们猜想可能是蓝色的大海，抑或是绿色的草地反射阳光到天上的结果，并给出了详尽解释，但没有一个猜想经得起仔细推敲。

1869年，约翰·丁达尔（John Tyndall）提出了一种更合理的解释。丁达尔不是有名的大科学家，但他生活在一个典型的科学时代，科学家有闲暇去探索任何感兴趣的自然现象。他发明了食物保存的方法，也研究了冰川。他是达尔文的坚定支持者，经常满怀激情地和别人讨论争辩。丁达尔曾是爱尔兰铁路的勘测员，他的老师迈克尔·法拉第发掘了他。法拉第把丁达尔带到了皇家研究所，最终，丁达尔接替他的恩师，成为研究所的导师。

丁达尔知道天空的蓝色并不是由反射引起的，空气中一定有什么东西让天空变蓝。然而，一个放在白色背景下的空气容器却没有显示出任何颜色的迹象。因此丁达尔意识到，空气不仅仅是由纯气体构成，其中还含有数十亿微小的尘埃粒子，它们是被撒哈拉沙漠的风暴卷起的，从海岸和火山吹来的，被大陆各地的风刮来的。也许是这些尘埃粒子造成了蓝色的天空。

在实验室里，丁达尔向一个充满空气的玻璃管中泵入一些非常细的尘埃颗粒。然后他让一道明亮的白光直穿玻璃管。从侧面看，光线有点淡淡的蓝色，但在直射的地方呈现的却是黄红色。丁达尔觉得自己的猜想和实验是正确的。他想，不是尘埃变蓝了，而是光射中尘埃时在尘埃粒子的微小表面反弹。蓝光更容易散射，所以偏离光源一定角度看天空时，天空会呈现出蓝色。当太阳落山时，光线必须穿过更厚的大气层，蓝光会被散射得更多，在未被散射的直射阳光中留下相对更强的红光和黄光，因此傍晚的天空呈红色。

丁达尔的理论只有一个问题，就是与现实不符。如果尘埃是天空变蓝的原因，那么在尘土飞扬的大气中天空会更蓝，而在空气特别清澈的时候，天空会近乎浅白色。但是，在伦敦这样尘土飞扬的城市，并没有看到特别蔚蓝的天空，而且旅行到阿尔卑斯山的山顶，你也看不到更浅白的天空，那里的天空反而更湛蓝。

丁达尔几乎是正确的，但要找出让天空变蓝的真正“罪魁祸首”，还得是另一位有名的科学家的继任者。就在丁达尔追随伟大的法拉第来到皇家研究所的时候，詹姆斯·克拉克·麦克斯韦把剑桥大学卡文迪许物理学教授的职位交给了约翰·威廉·斯特拉特（John William Strutt），他更广为人知的名字是瑞利男爵三世。这个有点不同寻常的男爵头衔，是从他的祖母那里得来的。瑞利的祖父约瑟夫·斯特拉特（Joseph Strutt）是一位杰出的政治家。作为国会议员，斯特拉特拥有一个成功的职业生涯，为国会和军队服务时做出了杰出贡献，他不想放弃应得的荣誉，所以要求将荣誉授予他的妻子。

瑞利男爵三世因发现氩元素获得1904年的诺贝尔奖，但他的名字与丁达尔差点就解决的问题紧密联系在一起。毫无疑问，瑞利受麦克斯韦的影响很深，看重麦克斯韦对光的电磁描述。瑞利认为，如果光由电波和磁波合成，并且光能和尘埃粒子相互作用，为什么不能和单个大气分子相互作用呢？他设想，气体分子开始随着光波的振动而振动，就像一个球在紧绷的薄片上会随着波动而开始上下弹跳。根据麦克斯韦的理论，运动的分子会因振动而产生新的光波，但是新的光传播方向是随机的，这就是散射。

由于蓝光的频率比红光和绿光的频率更高，因此瑞利认为蓝光会使气体分子振动得更快，从而产生更多的新光，所以在散射光中主要是蓝光。一般而言，天空应该是紫色的，因为紫光是最高频率的可见光，但太阳光谱中的紫光要少于蓝光，而且眼睛的神经末梢感受红、绿、蓝的能力更强，因此蓝色占主导。

科学启蒙艺术

天空的各种颜色对19世纪的科学家来说是一个挑战，对约瑟夫·透纳（Joseph Turner）这样的画家也一样。透纳极具想象力的风景画对光进行了细致的探索，将阳光在海面上的闪烁、雾气中火车引擎发出的鬼魅的光，画作光与影的海洋。虽然透纳风景画中的光影效果与科学发展同步，但他的继承者——印象派——直接受到科学的影响。

我们结合杨和麦克斯韦的工作后，第一次有可能确切地理解颜色机制。这不是艺术家调色板上的颜色混合，而是眼睛将所看到的颜色组合成图像的机制。红光、绿光和蓝光结合起来可以满足任何视觉需求，对这种机制的理解可以用于彩电的研发。老式的阴极射线电视屏幕是用微小的红、绿、蓝元素簇来产生整体丰富的色彩，但首次做到了这一点的是印象派画家。

这种使用不同色调组合颜色的制作，在继乔治·修拉（Georges Seurat）之后的点彩派画家的作品中最为明显。修拉曾努力学习了当时各方面的光学理论。但即使在早期，传统的印象派作品明显也是采用色调调和的方式。例如，近距离观察马奈（Manet）画作中的脸是一团不均匀的颜色斑点——可能是紫色、黄色和绿色组合而成。近距离观察这些画作根本不成画。但是从远处看，眼睛会将这些斑点混合成平滑的脸面。传统绘画是“减色法”，混合不同的颜料，每一种颜料都排除了各种颜色的反射，直到留下最终的颜色。在这种方法中，“原色”是红、蓝、绿的补色——蓝绿色、品红色和黄色，通常被简化为蓝色、红色和黄色，从而导致很容易与真正的原色混淆。印象派画家采用的更自然（但也更科学）的方法是增色而不是减色，这样眼睛就能产生效果。

如果说印象派画家首次真正把光运用到他们的绘画中，那么现代抽象形式则使光成为艺术本身的中心部分。传统上，艺术涉及对象的创作，但从20世纪60年代起，一些艺术家放弃了创作对象，只利用光和影来创作作品。此前还没有人正式采用过这种方法，它始于南加州，有时被称为现象学派。这些艺术家在传统材料的基础上利用高科技，倾向于制作装置而不是艺术形式，也就是说他们的艺术在于神而不在于形。

将真实的光融入艺术或许可以追溯到法国教士路易·贝特朗·卡斯特（Louis Bertrand Castel），1734年，他展示了可视大键琴，它的古钢琴键盘和一系列彩色磁带相连，当它在蜡烛前移动时，会产生彩色光的变换图案。现代艺术家们用光来制造复杂的视觉结构，有时也用视觉错觉来迷惑眼睛。在最受欢迎的艺术领域中，最吸引公众眼球的是全息图，全息图有在空间中定格三维图像的迷人能力。随着我们对光的本质的鉴赏力的提升，艺术家们在创作中使用光的复杂程度也在不断提高。

以太之死

麦克斯韦已经揭示了光本质上是一种由电和磁相互生成传播

的物质，但仍然有一些探索的空间，比如寻找以太效应。稀薄的、看不见的以太似有似无。无论探测多么精细，都丝毫没有以太存在的迹象。迈克尔·法拉第曾认为光的电磁传播不需要以太，但大多数其他科学家认为光必须在某种介质中传播。尽管光的构成令人惊叹，但光本质上仍然是一种波，而波就是某种涟漪——以太只能作为光在其中产生涟漪的媒介存在。

像威廉·汤普森这样受人尊敬的物理学家都煞费苦心地描述以太可能是什么样子。就连詹姆斯·克拉克·麦克斯韦也确信以太的存在，虽然他的方程式似乎不需要以太的存在。他只是认为他已经证明了电以太和磁以太是一样的。他说：

> 无论我们在形成关于以太构成的一致观点方面有什么困难，毫无疑问，行星际和星际空间并不是空的，而是充满物质材料或天体，这无疑是我们所知的最大的，可能也是最均匀的天体。

但以太是一个真正的谜。你如何证明某种物质的存在，这种物质如此虚无，因而它可以穿透固体玻璃；如此无所不在，以至于充满了整个外太空？美国学术明星阿尔伯特·迈克尔逊认为，这是一个无限迷人的挑战。作为一个来自德国小镇斯特雷诺（现在波兰的斯特雷诺）的移民，迈克尔逊痴迷于光。1883年他第一次尝试测量光的速度，此后五十年他一直用越来越好的仪器进行测量。

为了探测以太，迈克尔逊和他的同事爱德华·莫雷（Edward Morley）有了理想的仪器——地球本身。当这颗行星掠过以太时，一束光从地球发出，方向和地球运动方向相同，这时光就像逆流而上的鱼穿过以太。光在这个方向通过以太时会减慢速度，实际上也就是光程变长。迈克尔逊和莫雷设计了一个实验来测量这种效应。实验装置更像是中世纪的祭坛，而不是传统的实验室设备。以太的秘密将埋葬在这个科学的祭坛上。

那是1887年，迈克尔逊的实验室有一个庞然大物：首先是一个由砖砌成的坚实基座，用水泥固定在实验室的地面上。基座上面是一个圆形的金属槽，里面注满了水银。槽中漂浮着一个圆盘形的木质结构，几乎填满了整个槽，最后在这个木制的圆盘上面有一块1米多宽的石板。整个装置看起来更像是炼金术设备而不是现代科学设备，这样构造是为了保护石板不受任何振动的影响，实验开始后还能保持稳定移动。石板每六分钟旋转一圈，整个实验中会持续旋转几个小时，精心建造的水银槽的作用就是减小摩擦力。这并不是迈克尔逊的第一次实验尝试。六年来，他一直在寻找以太效应，但这一次，他的设备似乎完美了。

在这个装置的上面放置着一系列的镜子，光束在其中穿梭。光束经过分光镜分成两束，其中一束沿着原方向继续向前，另一束传播方向跟第一束成直角，经过一系列反射和透射后两束光又合到一起。就像杨氏双缝实验一样，这两束光合到一起后会发生干涉，产生了条纹图案，用安装在装置上的小型显微镜可以观察到条纹。迈克尔逊和莫雷的装置设计的初衷并不是为了得出任何惊天动地的结果。出于迈克尔逊对测量光的兴趣，据说这个装置是为了验证“以太风”的存在。

当地球在以太中移动时，跟它移动方向相同的光束的光程稍长一点。迈克尔逊的想法是建立一个光学赛场。把同样的光束分光，沿两条路径前进，每条路径的长度完全相同，但方向却相差90度。在任何时候，其中一束光的方向应该比另一束更偏向地球在以太中运动的方向，因此两束光行进的时间应该随着实验装置的缓慢旋转而改变。这意味着一束光要比另一束光行进更远的距离，显微镜对着固定的网格观察，干涉条纹会发生位移。

在近乎黑暗的环境中，缓慢旋转的石板散发着中世纪的神秘气息。迈克尔逊和莫雷就像侍僧，操作着一个奇怪的科学祭坛。但是无论他们怎样重复他们的仪式，什么也没有发生。光束穿过迷宫似的镜子，回到显微镜前。条纹一直一动不动。无论石板如何旋转，都没有变化——没有以太风。

迈克尔逊和莫雷把这个实验重复了一遍又一遍，都没有得到更好的结果。带着深深的不情愿，迈克尔逊不得不承认，他很偶然地证明了以太一开始就不存在。后来，变为美国公民的迈克尔逊，成为第一位获得诺贝尔物理学奖的美国科学家。至此，长久以来被认为是光波运动必须依赖的以太已经死了。十三年后，一些科学家仍然对迈克尔逊和莫雷的发现感到不安，但事实就是事实，甚至更令人不安的消息接踵而来。光是波的事实比以太存在的说法更可靠，杨氏双缝实验和麦克斯韦方程已经证明了这一点。然而，20世纪初出现了一个与牛顿的光粒子惊人相似的概念，它给经典物理带来了不可恢复的冲击。

第8章 可怕的对称

年轻的姑娘布莱特，

奔跑的速度比光快；

一天，她急速出发，

根据相对论，

头一天晚上就回到了家。

——阿瑟·布勒

随着20世纪曙光的到来，似乎已经没有什么关于光的更多发现了。一个又一个实验证明光是一种波。法拉第和麦克斯韦已经将其描述为磁和电交织的波；迈克尔逊已经证明以太根本不存在。只有几个小细节需要解决——一些理论与实际观测不符的小问题，但没有人怀疑这些问题很快就会得到解决。但从某种程度上来说，它们会打破之前所有的假设。

太过原创的贡献

20世纪的科学家中，一个不情愿的革命者是马克斯·卡尔·恩斯特·路德维希·普朗克（Max Karl Ernst Ludwig Planck）。1858年，普朗克生于德国基尔，是标准的维多利亚时代的人，感受着19世纪新技术带来的兴奋，但同时也背负着19世纪的信念，即正确的世界就是自己认知的世界。

普朗克成为一名物理学家仅仅是强烈希望对世界做出原创贡

献。在慕尼黑马克西米利安中学的最后一段时间里，他在选择音乐和科学这两种职业之间左右为难。他是一位出色的钢琴演奏者，拥有绝对音感，因此很容易就能成为一名职业音乐家。他最终选择了物理学，在这个学科里他更有可能做出原创贡献，但具有讽刺意味的是，他却在职业生涯的大部分时间里否定他最重要的发现。

当17岁的普朗克在慕尼黑大学开始他的课程时，他的未来似乎是不可想象的。他只是想懂得更多；先学习，然后致力于拓宽人类理解的边界。但不久之后，他开始怀疑放弃音乐生涯是否是一个明智的决定。他发现慕尼黑的物理学教授菲利普·冯·乔利（Phillip von Jolly）水平差得令人失望。根据冯·乔利的说法，物理学是一门完整的科学，物理学家的作用是完善已知的东西，而不是开拓新的领域。但是物理教员的素质不足以改变普朗克对自己的看法，所以他尽可能广泛地阅读，到柏林大学增加额外学习，提升自己的教育水平。他21岁就获得了博士学位。

长期以来，普朗克一直对热和能量着迷，研究它们时普朗克碰到了一个问题，这个问题有一个戏剧性的名字——紫外灾难。众所周知，每一个物体都会发光（在室温下通常不会发出可见光，但如果你把一个物体加热，显然，它会开始发出红光，最终变为白光）。物理学家把这种现象称为黑体辐射，这让人颇为困惑，因为纯黑色物体会完美地发出或吸收辐射。

从观察到的情况来看，光波的能量似乎直接与它的频率（即它波动的速率）有关。能量越高，频率越高，这很有道理。当一块金属被加热时，由于温度越来越高，因此能量也会越来越高，产生的光的频率就会上升。但一旦进行数学计算，就出现了一个令人担忧的结论，那就是释放的总能量也随着频率急剧增加。对于紫外光，它的能级在曲线图中很陡直，这意味着在最高的频率下，几乎无限的能量会倾泻而出。这显然不会发生在现实世界中——如果这是真的，每个物体、每个人都会发出强烈的光，从而迅速失去它包含的所有能量。

普朗克后来说，幸运的猜测使他避开了紫外灾难。他假设光的能量与频率有直接关系，但不可能在每一个能级上都有光；相反，一个特定的原子或分子只能发出特定大小的能量块。普朗克称这些块或包为“量子”，拉丁语中意为“多少”。但如果光是由小块组成的，它肯定不是波。难道是牛顿很久以前说过的粒子？普朗克认为不是这样的。

普朗克坚信光就是波，他把他的能量包看作仅是为了得到正确结果的数学技巧。他写道：

> 整个过程都很令人绝望，因为我必须不惜任何代价找到理论解释，不管代价有多高。

尽管他因在量子方面的研究获得1918年的诺贝尔奖，但他还是觉得自己与现代物理学越来越脱节。他评论道：

> 如果有人说他在思考量子问题时不会头晕，那只能说明他一点都不懂量子理论。

从知识层面来说，普朗克仍然生活在19世纪。他为物理学感到悲伤，更是受困于后半生的人生悲剧。他的大儿子在第一次世界大战中阵亡。他的两个女儿都死于难产。最后，他的小儿子卷入了反对希特勒的阴谋，被盖世太保处决。两年后，普朗克也去世了。

推翻假设

普朗克的量子包引出了光子的概念，但他知道光是一种波——他所学到的一切都证明了这一点。爱因斯坦则不太受他人观察结果的限制，他很高兴听到光真的是微小粒子。他获得诺贝尔奖的研究基础是用光轰击金属后射出电子产生电。但他发现，要形成这种概念，他得付出高昂的代价，他不得不放弃几百年来物理学中已经确定的许多基本假设。在光和物质的单个粒子层面上研究的新物理学——量子物理学——甚至将对他的独创性进行极端的考验。

爱因斯坦的天才是毋庸置疑的，但是他在科学界之外的名声——就像牛顿在他的时代一样——建立在传说之上，当然也有一些真人真事。他表面上和蔼可亲，乐于与任何人讨论他的理论，但缺乏真正深入的友谊，很少能有效地与他人共事。也许他对别人缺乏信任是因为第一次失败的婚姻，后来他再也没有过基于爱情的婚姻。爱因斯坦总觉得时间可以治愈一切，这似乎是他总会遇到的问题。

1879年3月14日，阿尔伯特·爱因斯坦出生于德国南部的乌尔姆市一个单调的公寓楼中，这栋楼后来毁于二战。阿尔伯特从父亲赫尔曼（Hermann）那里继承了梦想家的潜质，赫尔曼曾尝试认真经营由妻子波琳（Pauline）的家族资助的企业，但他似乎不具备成功商人所应有的进取心。爱因斯坦夫妇设法为阿尔伯特和他的妹妹玛丽亚（Maria，阿尔伯特叫她玛雅）营造了一个幸福的家，但他们的经济状况一直不太稳定。

在家庭之外，有些东西爱因斯坦不太喜欢。他自小就憎恨权威以及那些试图控制他和他的思想的当局者。他一生都保持着这样的个性，后来深切的和平主义也是个性使然。入学后爱因斯坦发现，他想要的学习和19世纪德国僵化的教育体制有着强烈的冲突，当时的教育体制似乎为了惹怒他、限制他，而不是为了放飞他的想象力。

爱因斯坦对传统学校教育很是厌恶，而他的一些老师对他也很反感。那时爱因斯坦住在巴伐利亚州首府慕尼黑，在一所天主教小学上学（他的父母不是犹太教徒），学校的校长曾经说过，无论小阿尔伯特将来从事什么职业，他都不会成功。在家里，爱因斯坦和妹妹玛丽亚在他们凌乱的房子里的“野生花园”中玩耍，而爱因斯坦更多的时间是在自己的房间里独自玩耍。在这里，爱因斯坦过得很舒心，他可以追求自己喜好的东西。在学校里，他渴望按照自己的方式行事，而学校的制度则要求严格遵守规则，这种专制的纪律令爱因斯坦非常恼火。

在路易波尔德中学，爱因斯坦对当时的教育制度已表现出极度不满。学校非常重视古典教育，爱因斯坦也曾努力学习过呆板的古典语言结构，但实在提不起学习人文学科的兴趣。他缺乏学习热情，学校则认为他既懒惰又不配合。学校无法激发爱因斯坦的学习兴趣，同时爱因斯坦也在找另外的方式方法。他把书本作为可靠、愉快的学习资源，同时也受到年轻的同族朋友马克斯·塔木德（Max

Talmud）的指点，他们第一次相见时塔木德是一名医学院的学生。爱因斯坦家经常邀请塔木德一起吃饭，塔木德则会带着新书和诱人的趣闻逸事来满足小阿尔伯特对科学知识的热情。

但是这种舒适的家庭生活很快就结束了，爱因斯坦失去了校外的精神补给。因为他的父亲又一次开始了商业冒险，全家搬到了意大利的帕维亚，而把爱因斯坦留在慕尼黑。他的父母认为最好还是让小阿尔伯特继续接受这里的教育，但学校严格的纪律还是一如既往地呆板。更为糟糕的是，不久之后，爱因斯坦需要参加为期一年的义务兵役。如果说学校激怒了他，那么更愚蠢、更专制的军营生活就是迫使爱因斯坦逃离的最后一根稻草。阿尔伯特决定去找他的家人。在父母毫不知情的情况下，小阿尔伯特出现在他们在意大利的家门口。

中学时代的全部经历，短期孤独地留在慕尼黑，以及可能的国家服务，都沉重地压在了年轻的爱因斯坦身上。此外，中学也把他开除了（应当承认，开除是在他已经决定离开之后）。他似乎把自己的经历归咎于德国政府，认为这个国家的法律结构处处体现着盲目的控制。大多数16岁的男孩只想着女孩和娱乐，爱因斯坦的目标却是终止自己的德国公民身份。他的父母对此并不热心，但还是让步于他无休止的请求，通过文书工作帮他放弃了与生俱来的德国公民权利。

虽然爱因斯坦有许多地方可去，但糟糕的意大利语不太适合他在帕维亚定居。爱因斯坦选择瑞士作为目标，因为瑞士是公认的干预最少的国家。在讲德语的苏黎世，爱因斯坦有一个接受真正教育的理想地方，那就是苏黎世联邦理工学院（德语为Eidgenössische

Technische Hochschule，也就是众所周知的ETH）。当爱因斯坦还只有16岁的时候，他就参加了ETH的入学考试，然而没有通过。

入学考试范围很全面，涵盖的内容远不止科学和数学。爱因斯坦的专业知识非常有限，这让他很失落，当然他也比大多数申请者年轻得多。但是ETH的校长对爱因斯坦印象深刻，因此建议他在瑞士的中学学习一年后重新申请。爱因斯坦采纳了校长的建议。在瑞士房东温特勒一家的支持下，爱因斯坦努力学习，重新参加入学考试，并以优异的成绩通过了考试。

爱因斯坦在ETH仍然遇到了一些麻烦和权威人物——ETH的物理系主任海因里希·韦伯（Heinrich Weber）曾对爱因斯坦说："你是一个非常聪明的孩子，但是你有一大缺点：听不得别人的劝告。"但他在那里度过了一段愉悦的学术时光。然而，他家里的情况则不那么明朗了。他父亲的生意又失败了，随后他直接选择就业，因此工资不高，家庭收入很紧张。为了解决这个问题，爱因斯坦尽可能地把自己与家庭生活隔绝开来，一心扑在ETH的学习上。不久之后，爱因斯坦能够在经济上独立了，他开始追求他的同学米列娃·玛丽克（Mileva Maric）。米列娃并不是他唯一感兴趣的女性——年轻的爱因斯坦有好多女朋友——但米列娃似乎让他着迷，部分原因可能是在爱因斯坦追求她至少两年之后，她才回应爱因斯坦。

尽管爱因斯坦一直沉迷于ETH的核心科学课程，但他又开始叛逆了，他认为没有必要去听他不感兴趣的课程。爱因斯坦之所以能顺利毕业，很大程度上要得益于他的朋友马塞尔·格罗斯曼（Marcel Grossman）。每场讲座格罗斯曼都去听，还做了详细的笔记。随着期末考试的临近，爱因斯坦只有靠格罗斯曼的笔记。爱因斯坦确实成功了，以爱因斯坦式的学术方法在学术界立住了脚。

大学毕业后，爱因斯坦没有继续攻读研究生，而是找了一份教书的工作，试图利用业余时间撰写科学论文，在苏黎世大学获取博士学位。他这么早就开始就业，并不完全是出于想要与众不同。放弃德国国籍后，爱因斯坦没有国籍。如果他想成为瑞士人，他需要有一份全职工作。为了获得职位，他曾给著名科学家写过信，请求他们雇用自己做助手，但没人愿意雇用他（尽管这并不令人惊讶）。平凡的教学工作使他在1901年获得了瑞士国籍。但就像之前的伽利略一样，爱因斯坦发现教师的生活妨碍了他的思考。因此他又找了一个跟科学完全不相干的工作，这样一来，他既可以谋生，又有自己的思考时间，这要感谢他的大学朋友、记笔记的马塞尔·格罗斯曼。

瑞士专利局局长弗里德里希·哈勒（Friedrich Haller）是格罗斯曼父亲的朋友。当时专利局正要登招聘广告，爱因斯坦恰好与哈勒取得了联系。哈勒面试了爱因斯坦，虽然认为这个年轻人的知识理论明显强于实践，但他还是聘任了他。唯一让爱因斯坦有点恼火的是，由于爱因斯坦缺乏经验，面试后，哈勒把他的职位从二级技术员降为三级技术员。

专利局之光

在熙熙攘攘的小城市伯尔尼，26岁的阿尔伯特·爱因斯坦坐在他狭窄的办公室里，自童年以来第一次感受到生活的美好。伯尔尼是完美的——在他和未婚妻米列娃结婚之前，他曾给她写过这样一封信：“伯尔尼的生活很愉快。这是一个古老而精致又舒适的城市……”现在他和米列娃有了家庭，爱因斯坦在专利局有了一份稳定的工作。诚然，有时爱因斯坦也会回忆起以前令人沮丧的时刻。在他们结婚之前，米列娃就生下了他们的第一个孩子——女儿丽瑟尔（Lieserl），当时他们没有能力抚养这个孩子。他们的女儿发生了什么也没有被记录下来，后来的生活也无法追踪，很可能是米列娃的家人在匈牙利抚养她的女儿长大。不过，此时爱因斯坦感到欣慰的是，他刚出生的儿子汉斯·阿尔伯特（Hans Albert）就在身边。

专利局的工作真是天赐良机。爱因斯坦靠在椅子上，从文件盒里拿起了一份专利申请。读了开头几行，他发现，这项发明很明显是完全错误的。他在封面上潦草地写了一张便条，然后把文件扔到了地板上一堆摇摇欲坠的文件上。事实证明这项工作如此简单，爱因斯坦都感到有点惊讶。爱因斯坦认为他的实践能力不是很强。还在学校时，他曾在一篇论文中写道，他想自己会成为一名理论物理教师，因为他“更擅长抽象和数学思维”，而“缺乏想象力和实践能力”。

然而，此时，他有足够的时间进行深入思考，完善以前的想法。在1905年的一年时间里，他发表了两篇震惊世界的论文。第二篇让他闻名于世，而第一篇让他获得诺贝尔奖。两篇文章在物理上都很重要，都涉及光。

今天，我们已经有了精密的光电管来给包括计算器和空间站的一切设备供能。但是，回到20世纪初，那时的人们也已经知道，光照射某些金属会产生少量的电。光射中金属后将金属表面的一些微小电子轰出。虽然光是无形的，但本质上有电磁特性，光的电分量推动电子运动，就像法拉第实验里，导线受到粗糙马达装置里电流的影响一样。

光照射金属轰出电子本身并不令人惊奇，但电子产生的方式有些奇怪。1902年，匈牙利物理学家菲利普·莱纳德（Philipp Lenard）在实验中发现了一个非常奇怪的现象。不管光有多亮或多暗，某种颜色的光照射金属表面后轰出的电子具有相同的能量。沿着光谱频率变小的方向尝试，会发现有些颜色的光照射金属根本不会产生电子。原本期望的是，如果光只是一种波，那么在金属上投射的光越多，光子的能量就会越多，就越容易产生电子，而事实并非如此。更糟糕的是，还有紫外灾难，正是这个问题使得普朗克提出了光量子理论。

普朗克假设光的能量装在小包里，就像装在密封的信封中的信，他准确地预测了光电效应原理，但他不相信这些小包的存在。爱因斯坦更进一步，接受了一个别人无法接受的事实——光实际上是由这些微小的包组成的。不知何故，爱因斯坦认为，光是能量包，但仍然有波的特性。美国化学家吉尔伯特·路易斯（Gilbert Lewis）给这些包取了我们现在使用的名字——光子。另一位美国人——罗伯特·密立根（Robert Millikan）证明爱因斯坦是正确的。爱因斯坦的理论解释了光子的波动问题。多亏了普朗克所奠定的基础，在这一步中，爱因斯坦摒弃了科学界公认的最基本事实之一——光是一种完全标准的波，并为整个量子理论开辟了道路，从根本上改变了我们对现实力学的看法。

乘着阳光

因为爱因斯坦的一个白日梦，他的光电效应文章很快就被束之高阁了。一天，爱因斯坦和米列娃与汉斯·阿尔伯特一起在城市公园里散步。过了一会儿，爱因斯坦坐在修剪整齐的草坪上，他的妻子则忙着照看孩子。爱因斯坦悠闲地躺下，双手撕着草玩儿。撕草的时候，爱因斯坦享受着照在脸上温暖的阳光，明亮的阳光透过他半闭的眼睑。他的睫毛把阳光分成百十道闪烁的光束。这时，爱因斯坦放飞想象：光像一条白炽的河流流过空间，他听任自己乘着阳光，在光之河上漂流飞驰。这就是爱因斯坦放松的方式。

第二天回到办公室后，爱因斯坦试图重拾昨天那一刻的快乐。如果他真的能飘浮在阳光上，那么光会是什么样子？他伸了个懒腰，站了一会儿，然后在办公室里踱来踱去，最后坐到高背木椅上。他基本上知道光是什么，苏格兰的詹姆斯·克拉克·麦克斯韦给出了四个紧凑的方程，描述了从射电到强穿透性X射线的光的所有形式。这些方程表明光是电和磁的相互作用、相互产生的结果。但除非光以特定的、唯一的速度移动，否则这个自给的奇迹是无法存在的。没有这个速度，电就不会产生足够的磁，磁也不会产生足够的电，光的整个现象就会消失。以上这些都是可以从麦克斯韦方程得出的结论。

爱因斯坦起身在拥挤的房间里又绕了一圈，踱步时避开了地板上散落的文件堆。有点不对劲，他想。他想到了理论和他昨天的白日梦之间的矛盾，就像他审的专利中有缺陷一样。不解决这些矛盾，爱因斯坦浑身不舒服。麦克斯韦方程只有在光以特定的速度——大约每秒30万千米——传播时才成立。但实际上说光以这样的速度传播是不够完整的。速度是相对于什么测量出来的呢?

当一列火车以每小时80千米的速度行驶时，意味着它相对于地面的速度是每小时80千米。但是，如果另一列火车以同样的速度同方向行驶，那么第一列火车相对于第二列火车是静止的。就这点而言，爱因斯坦稳稳地坐在椅子上，显然没有速度，但与此同时，他和地球上的其他一切，正在以每小时数千千米的速度在太空中飞驰。火车的速度和爱因斯坦的速度都取决于它们是相对于什么测量的。同样的道理也适用于光。在他的白日梦里，当他随着阳光飞翔的时候，完全有理由说光是不动的。

如果光不是以确切的速度运动，光的电和磁之间的相互作用就会消失，光就不复存在了。要么麦克斯韦对光的简练描述是错的，要么爱因斯坦的白日梦的情境是不可能的。爱因斯坦的直觉告诉他麦克斯韦肯定是对的，所以他乘着阳光飞翔一定是错的。与所有的常识相反，就算他的速度跟光的速度相仿，光相对于他的速度也不会减小到静止。事实上，他的速度永远无法与光匹敌，因为无论他以多快的速度靠近或远离光，光仍然会以每秒30万千米的速度快速掠过。无论爱因斯坦静止还是运动，光的速度都不会有丝毫的改变。与自然界的其他事物不同，光只能有一种速度，光速是唯一的。

在接下来的几个星期里，爱因斯坦满脑子都是这个问题，几乎没考虑其他事。一旦他知道光速不变后，就只能重新思考物理学中一些可以追溯到艾萨克·牛顿的最基本的概念。当爱因斯坦把奇特恒定的光速引入运动方程时，他发现有些物理定律得做出让步。通过简单的数学运算，爱因斯坦意识到，任何以接近光速运动的物体都会经历一个奇异的世界，那里没有任何事物的行为符合常规。他的想法在科学家和公众中掀起了一场风暴。违背爱因斯坦的意愿，他引发了全世界媒体的争相报道。

想想爱因斯坦的白日梦的启示，就让人兴奋。当你接近光速时，现实世界的正常行为就不复存在了。把光速固定后，其他物理量就会有变化，而在这之前，这些物理量似乎是不变的。这就像把小动物固定住，让兽医给它接种疫苗。如果抓住腿，它的头就会动来动去；如果抓住脖子，它的腿又会突然踢来踢去。当爱因斯坦固定了光的速度，物体的质量和大小都会有变化，甚至时间本身也会有变化。

以接近光速运动的物体体积会缩小，质量会增加。运动物体上的时间流逝与我们的时间流逝是不一样的。我们的时钟一秒一秒均匀流逝，而那个物体的时间会变慢，速度越快，时间流逝越慢，当达到光速时，时间就停止不动了。如果有可能让它运动得更快，超过光速，物体上的时间就会回溯（时光逆转）。爱因斯坦的这些非凡的猜想，后来都被实验证实了。

狭义相对论的时空扭曲在接近光速时最为明显，但今天的仪器精度可以展示相对论在日常世界中的神秘影响。原子钟的精度可以高达十亿分之一秒，也就是说它可以把一秒的时间分成十亿多份，有一点小小的变化都可以测量出来。拿两个超精确的原子钟计时器，并且精确对时。让其中一个计时器环绕世界飞行，而另一个则牢牢地留在地面上。将环绕世界飞行后的计时器与地球上的计时器放在一起。比较一下它们的时间，就会发现飞行后的计时器的时间大概落后了三百亿分之一秒。也就是说，当计时器在飞行时，时间流逝得会稍微慢一点。

经常飞行的人比在地面上的同龄人要年轻，如果你每周都飞越大西洋，那么40年后你比同龄人大约年轻千分之一秒。如果光速再慢一些，狭义相对论对时空的影响就会更明显。在光的传播速度仅为每秒400米的世界里，前面例子中经常飞行的人要比从来不飞行的同龄人年轻一岁。因为光速太快了，所以之前一直没人质疑牛顿定律。

爱因斯坦把光和光速置于现实的中心。有了这样惊人的想法，他不可能在专利局待太久。甚至在没得到一个学术职位之前，爱因斯坦很快就获得了一个荣誉博士学位。1909年，苏黎世大学聘请他担任新一任理论物理学教授，全职进入学术界。但这并不意味着爱因斯坦放缓了科学研究的步伐。事实上，就在同一年，他在一次会议上发表了他的第一篇论文，不仅陈述了他的早期的结论——光似乎同时是波和粒子，他还第一次给出了此后紧紧和他（以及科学）联系在一起的方程，$E = mc^2$。

从那时起，爱因斯坦开始陆续在布拉格大学、他的母校ETH、柏林大学有了学术职位，并继续惊人地稳定输出原创思想。大多数科学家都像运动员一样，在20多岁就完成了重要的学术成就。当爱因斯坦得到第一个学术职位时，他都已经30岁了，此后，他还创立了广义相对论这个不朽杰作。

空间扭曲

狭义相对论忽略了引力效应，或者说实际上忽略了加速或减速，而广义相对论扩展了狭义相对论，处理更为现实的情况。就像狭义相对论是由一个白日梦启发的，广义相对论也是从一个偶然的想法开始的。爱因斯坦后来评论道：

> 我坐在伯尔尼专利局的椅子上，突然有了一个想法。如果一个人自由落体，那么他将感觉不到自己的重量。我被吓了一跳。这个简单的想法给我留下了深刻的印象。

爱因斯坦再一次用思想实验改变了人们对世界的看法。想象一个人自由下落，那么他感觉不到重力。爱因斯坦的思维跳跃到电梯下降的例子中：重力或加速度作用使电梯下降速度越来越快，这时你无法分辨你所乘的电梯是在受重力作用还是加速度的作用，事实上，它们的效果是一样的。但当这种效果应用于光时，会产生一个非常奇怪的结果。

确定随电梯下落与重力有完全相同的效果后，爱因斯坦设想在电梯下落时用一束光穿过它。从电梯外部看，光明显是沿直线运动，但从电梯内部看，光线会弯曲。在光穿过电梯所用的时间内，电梯会下降一点，所以光会射到电梯另一侧比预期稍微高一些的位置上。由于爱因斯坦认为电梯的下降和重力产生的效应完全相同，他推断，当光在一个重物旁经过时，受到重力影响，它的路径应该是弯曲的。

当你弄清楚广义相对论后，你会发现它似乎与狭义相对论一样，有奇怪的推论。爱因斯坦告诉我们引力是相对的，就像狭义相对论中两列火车并排行驶的简单图景一样。广义相对论中也有一个简单假设，即光被引力“拉”离了原来的路径——光线一直沿直线传播，但它直线穿过的空间在引力的影响下被扭曲变形。

把空间想象成一层厚厚的橡皮。一束不同颜色的光沿直线穿过橡皮。现在把一个重球放在橡皮上。橡皮在球的周围向内弯曲。观察穿过橡皮的光，它仍然在“橡皮空间”中沿直线传播，只是现在它在球的周围弯曲了。从技术上讲，光是直线传播的，但是它所经过的空间被挤压变形了，也就是说空间被扭曲了。1915年，爱因斯坦在柏林的普鲁士科学院发表了广义相对论。他又一次成为媒体的宠儿。

如果爱因斯坦的广义相对论是正确的，那么应该可以看到光线弯曲，然而像狭义相对论一样，广义相对论的效应在正常情况下非常小，无法被看到。当然，太阳附近的引力非常强，那里的效果应该很明显。检验爱因斯坦是否正确的一个简单方法是，当天空中的恒星与太阳十分接近时，观测它们是否看起来偏离了原来的位置而向太阳移动。不幸的是，我们不可能在太阳附近看到恒星，除非在日全食这种非常特殊的天象时进行观测。

日全食

事实上，在爱因斯坦发表完整的论文之前，就已经有了对他的观点的证明。早在1912年，他与德国科学家埃尔温·弗劳德里希

（Erwin Freundlich）讨论过这些想法。此后爱因斯坦又花了三年时间才完善了详细的数学计算。1914年8月，弗劳德里希率领一支探险队前往克里米亚观测日全食，检验爱因斯坦的光线弯曲预言。然而他选择的时机太糟糕了，当时俄国正与德国交战，俄国人以为弗劳德里希携带复杂的望远镜设备从事间谍活动，因此抓了他。他被囚禁到8月底，直到两国交换囚犯才得到释放。

一战结束后，1919年，英国天文学家亚瑟·爱丁顿爵士率领一支探险队到非洲海岸附近的普林西比岛，进行第二次日食观测。爱丁顿的团队选址观测的地方有蚊子大量出没，但他们还是安装好设备，等待日食到来的那一天。似乎这次探险同样无法证明或推翻爱因斯坦的理论，因为这段时间天阴了一天又一天，云层遮住了太阳。即使日面开始被月亮吞噬的时候，太阳周围仍然被云层覆盖着。就在全食前几分钟，云层散开了，观测团队总共成功拍下了16张照片。

成功观测的喜悦很快变成了痛苦，爱因斯坦的理论似乎注定要经受考验。爱丁顿团队冲洗照片时，发现一张张的底片都是空白的。在前十张照片中，薄云层仍然遮住了太阳，虽然可以看到壮观的日食，但遮住了关键的恒星。最后，16张底片中只有两张是可用的，但它们足以验证广义相对论了。恒星偏离了原本的位置，偏离的幅度正好和广义相对论的预测相符。媒体对爱丁顿日食探险观测的宣传以及公众对相对论的兴趣，确立了爱因斯坦在余生都将是一个公众人物。围绕相对论大肆宣传后，爱因斯坦受邀在英国顶级歌舞剧院——帕拉斯剧院做了为期一季度的演讲。因为相对论很复杂，普通人无法理解，所以围绕它的话题一直有神秘感。然而，它却引发了全世界公众的关注和争论。

撇开广义相对论的成功，第一次世界大战对爱因斯坦来说是一个噩梦。他很害怕武装侵略，因此花了很多时间为和平主义事业奔波，但收效甚微。随着战事吃紧，他得了重病。他与米列娃摇摇欲坠的婚姻也不可避免地走向了离异。患病期间，他住在柏林，而米列娃和孩子们住在瑞士。爱因斯坦的朋友艾尔莎·洛温塔尔（Elsa Lowenthal）在照顾他，其间，两人变得非常亲密。与米列娃不同的是，艾尔莎对科学没有兴趣，她似乎更想成为家庭主妇，而爱因斯坦内心深处也希望找一个家庭伴侣。1919年，艾尔莎成为他的第二任妻子。

狭义相对论直接与光的本质相关，广义相对论虽然没有与光直接相关，但它为光科学提供了一个强大的新工具。爱丁顿的日食探险证实了太阳会轻微弯曲光线。但与整个星系相比，太阳就是一个微不足道的天体。想象一下光从一颗非常遥远的恒星发出。如果距离足够远，单个光子到达地球的概率就会非常小，那么我们就没法看到那颗恒星。但是，如果在我们和恒星之间放置一个星系，结果会如何呢？

在广义相对论之前，答案很简单。即使你曾经能看到这颗恒星，现在它也会被更大更亮的星系挡住。但是有了爱因斯坦，就会产生一些不同的结果。当恒星发出的光传播到星系周围时，它向内弯曲，就像穿过透镜的光向内弯曲一样。这种情况下，不是偶然的随机光子到达地球，而是射到星系边缘的光聚焦到一个点上。在这个没有被星系本身挡住的点，我们就可以看到这颗恒星了。

利用这种引人注目的效应——星系透镜，天文学家能在太空中看得越来越远。当然这不是一个通用的远眺方案。它要求必须在确切的位置有一个星系，所以星系扮演的是通向遥远的宇宙的一系列小窗口。通过这种方式可以看到的距离真的很惊人：探测到的最远天体距离地球130亿光年，也就是说，宇宙大爆炸后不到10亿年，光子就开始穿越宇宙。广义相对论不仅让我们看到了遥远的距离，而且让我们回到了最遥远的以前。

20世纪20年代初，爱因斯坦和他的新婚妻子发现，德国反犹太主义日益加剧，越来越令他们难以忍受。当时德国的行为很分裂，伟大科学家爱因斯坦受到了款待，柏林当局为庆祝他50岁的生日，送了哈维尔河附近的一所房子给他；而犹太科学家爱因斯坦却遭到了嘲笑和诽谤。1932年，爱因斯坦离开了德国，从此再也没有回去。他入职位于纽约州的普林斯顿高等研究院，余生在那里从事学术研究。

上帝不掷骰子

1905年，爱因斯坦提出光子存在的开创性论文，后来美国物理学家罗伯特·密立根通过实验证明了爱因斯坦是正确的。其实实验之前，密立根是想证明爱因斯坦错了。和他同时代的许多人一样，密立根发现爱因斯坦最初的工作形成的量子理论太荒谬了，简直无法想象。他花了十年时间试图驳斥爱因斯坦的观点，然而最后发现实际上是证明了它。但爱因斯坦本人对他所提出的理论并不满意。

爱因斯坦讨厌量子世界的不确定性。他认为现实世界如此运转是不自然的。他说："老者（上帝）不掷骰子。"虽然他很高兴光有时确实表现出粒子性，但他决心证明量子理论是有缺陷的。这是爱因斯坦犯的一个罕见错误，爱因斯坦的证明不仅失败了，而且还使瞬间移动从可能变成了现实。

那是1935年，爱因斯坦和两个年轻的欧洲人——鲍里斯·波多尔斯基（Boris Podolsky）和纳森·罗森（Nathan Rosen）合作，他们三人在普林斯顿从第一性原理出发演算量子理论中的数学，希望可以证明量子力学错误的地方。最后他们得出了一个奇怪的结果，似乎就是他们需要的证据。

量子理论认为，一个光子在测量之前，可以是两种可能态的奇怪混合，只有在测量之后才能决定它将会是哪个态。就好像一个孩子在出生的时候既是男孩又是女孩，只有在出生的那一刻，就像一枚硬币被抛出去，50：50地确定了孩子的性别。爱因斯坦、波多尔斯基和罗森提出了一个以他们的姓氏首字母命名的观点——EPR，将量子理论中这一奇怪之处进一步推广。有这么一种可能情况，两个光子纠缠在一起，当测量时，迫使它们的态相反。如果这两个光子是孩子，纠缠就会让一个孩子是女孩，另一个则是男孩。不过，纠缠并不具体确定哪个是男孩，哪个是女孩。在你看之前，两个中任何一个都可能是男孩。如果“你的”光子碰巧是男孩，那么另一个光子立刻就是女孩。

爱因斯坦设想将这两个纠缠的光子进行长距离分离，然后偷窥其中一个光子。在这一点上，就像抛硬币一样，它只有两种可能性。如果恰巧是个“男孩”，那么无论它们之间的距离有多远，另一方都会立刻变成“女孩”。 爱因斯坦认为这显然是不可能的，他的狭义相对论表明，没有任何东西——甚至包括信息，可以传播得比光快。发现了量子理论的缺陷后，爱因斯坦感到很满意。但他错了。在他去世数年后，法国物理学家阿兰·爱斯派克特（Alain Aspect）使EPR现象成为现实，证明了所谓的两个光子之间的“幽灵连接”。我们将在第10章中看到，这个证明意义非凡。

在他生命的最后20年里，爱因斯坦投入大量精力试图提出一套理论，统一自然界的所有力，这样电力、磁力、引力和原子力都可以用同样的方式来解释。他失败了，迄今为止他的接班人也失败了，但这并不意味着他把时间浪费在毫无成效的事情上，当时的许多项目都应用了爱因斯坦的思想，包括第一次应用到军事上。尽管爱因斯坦原则上坚持和平主义，但他觉得他必须支持第二次世界大战，因为纳粹的威胁绝对是邪恶的。他甚至鼓动美国总统罗斯福开始研制原子弹，因为他担心德国人更早研制出有效的原子弹。

尽管如此，爱因斯坦并没有直接参与原子弹计划。原子弹在概念上可能依赖于他的原型方程——$E=mc^2$，但在爱因斯坦的理论中没有任何关于原子弹制造的内容。他从未对应用工作感兴趣，尽管他鼓动总统，确保美国不落后，但他很难对大规模杀伤性武器做出积极贡献。

在他生命的最后几年里，爱因斯坦似乎真的成了一个健忘的天才的形象，媒体也给他打上了这样的烙印。有一次，他忘了住在哪里，不得不给办公室打电话求助。他费了好大的劲才说服了办公室，因为办公室有严格的规定，不许对外人说出他的住址。1955年4月18日清晨，阿尔伯特·爱因斯坦在普林斯顿医院去世。爱因斯坦是非凡的，就像牛顿一样，是当之无愧的传奇。一些关于爱因斯坦的故事很可能被夸大，甚至是不真实的，但即使把爱因斯坦当成神话人物，也完全不能掩盖他对科学的贡献。

滤波

虽然维多利亚时代的人基于光建立了许多新技术，但20世纪上半叶人们主要致力于从爱因斯坦的发现中获得对光的新解。然而，美国人埃德温·兰德（Edwin Land），却靠光的一个不太为人所知的特性发了大财。

早在17世纪，伊拉斯谟·巴托林就注意到冰洲石晶体似乎能将光分成两种截然不同的类型。直到奥古斯丁-让·菲涅尔意识到这些透明的晶体分割光束的方式的含义，巴托林发现的重要性才被清楚地认识到。当时“光是一种波”这个论点还没有得到充分的证明，但杨和菲涅尔都相信这一点。杨认为光是一种“横向”波，就像跳绳的摆动，它是菲涅尔理解光的关键。

如果光是这样一种波，那么它就有可能像海面上的波一样上下波动，或者像爬行在沙滩上的响尾蛇一样左右波动。菲涅尔认为冰洲石上有看不见的网格状槽，这些槽有水平的，有竖直的。左右波动的光会通过水平的槽，但没法通过竖直的槽；上下波动的光的效果正好相反。结果就是两种类型的光被分离开了。如果晶体让其中一种类型的光线弯曲得更多，结果就会产生两幅图像。

就我们的眼睛而言，光波无论向哪个方向波动都没有区别。太阳光在各个方向都有波动，水平和竖直波动的光线可以直接穿过冰洲石的网格，而波动方向在这两个互相垂直的方向之间的光线，则被拉到离它们最近的方向上。光线波动方向称为偏振，正是这种现象使兰德多次成为百万富翁。

1926年，兰德还在哈佛大学读书时，他就对偏振光的特性产生了浓厚的兴趣。那时，人们已经很了解偏振光了。某些晶体只会让特定方向上的偏振光通过。这是因为光波的电分量与材料中原子的电成分相互作用。在具有整齐排列结构的晶体中，只有偏振与晶体排列一致的特定光才能通过，就像穿过菲涅尔的无形栅格一样。

光线经过镜面（或路面）反射后也会损失一些波动方向，使光发生偏振。早在1808年，法国物理学家艾蒂安·马吕斯（Etienne Malus）就观察到了这一点。当时，他是拿破仑工兵团的一名上校。一天，马吕斯在房间里一边悠闲地摆弄着一块冰洲石，一边凝视着窗外的卢森堡宫。他注意到，当光线从玻璃窗反射到晶体上时，只产生一个图像。反射光自然是偏振光，所以射到冰洲石上的光都是朝着同一个方向波动，光波就不会再被分离了。

兰德认为，只要强化偏振效应，然后制成多功能材料，偏振就具有商业价值。年仅18岁的兰德从哈佛大学休学，在一个车库实验室专攻偏振材料。他的实验结果是宝丽来—— 一种嵌有微小偏振晶体的塑料片。1937年，他将车库实验室改名为“宝丽来公司”。他的商业嗅觉得到了回报。反射偏振光造成的眩光会给汽车司机带来麻烦，同样的眩光也会毁坏照片，如果在其中放置一块宝丽来材料就可以显著地减少眩光。这种材料基本只允许一个方向的偏振光通过（图8.1）；通过将反射光的偏振方向旋转90度，宝丽来几乎可以消除任意表面的眩光。

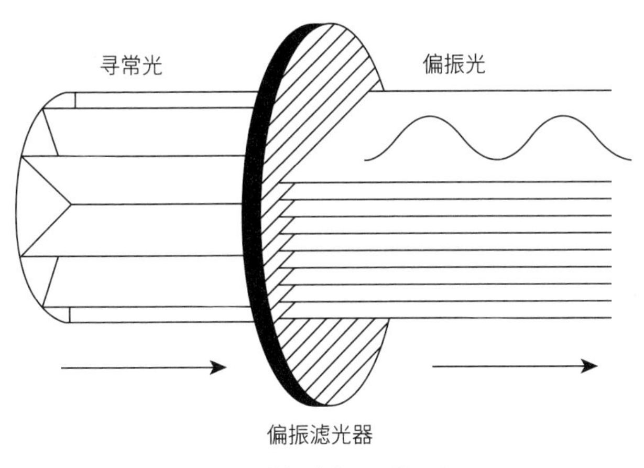

图8.1　偏振滤光器工作原理

20世纪后期，随着液晶的发展，偏振得到了一个全新的实用价值。没有电流通过时，液晶能将偏振光的偏振方向旋转90度。如果把液晶晶体夹在两个彼此成90度的偏振滤光器之间，由于液晶能够将通过第一个滤光器的光线的偏振方向扭转90度，使其恰好能通过第二个滤光器，因而会产生浅色光斑。当电源打开时，液晶对偏振光的扭转作用消失，通过第一个滤光器的光无法通过第二个滤光器，结果就是一片黑暗。

时至今日，偏振材料仍然很重要。在20世纪下半叶，光技术从一个特殊行业转变为日常生活的重要组成部分。在这个过程中，有一个人像麦克斯韦和爱因斯坦一样对光的复杂历史做出了巨大贡献。

第9章 量子电动力学

我们生活的世界只是变得更加光明。

——拉尔夫·沃尔多·爱默生

如果你在街上问一个人，让他说出20世纪最伟大的两位物理学家的名字，他几乎一定会说出爱因斯坦。然而，第二个名字可能就难以确定了。如果让一位物理学家说，那么他会毫不犹豫地给出答案。如果有点犹豫的话，也只会是犹豫应该将哪个名字放在第一位。这个与爱因斯坦齐名的人就是理查德·费曼。

终极表演者

费曼不像爱因斯坦那么神秘，因为他不是个害羞、孤僻的学者，他绝对不是。最常用于形容费曼风格的词是“表演者”。费曼不仅是一个乐于破解宇宙机制的天才，他还有善于引起观众注意并给观众分享他的乐趣的非凡能力。

费曼的生活中处处有表演技巧，甚至思维中都有表演技巧。在深入探讨费曼对光的生命周期所做的贡献之前，我们有必要花点时间来了解一下他最出名的表演技巧的事例，这使他在生命的最后时刻赢得了全世界的观众。这样的故事是了解费曼的必要部分。他本人很会讲故事，他认为精心编制的逸事是他写作和讲课技巧的基本部分。

1986年1月28日，大约在美国东部标准时间的中午，挑战者号航天飞机从卡纳维拉尔角起飞。大约一分钟后，火箭助推器爆炸成一个火球，所有宇航员丧生。直播的电视画面在世界各地回荡，成为20世纪最令人难忘的灾难情景之一。费曼是调查这起事故的委员会的成员。与其他委员不同，他与航天行业没有关系，他之所以会出席，是因为NASA的代理局长威廉·格雷厄姆（William Graham）在20世纪60年代曾参加过费曼的讲座，和所有听过费曼演讲的人一样，他也是费曼的粉丝。所以格雷厄姆在起草调查委员会名单时加上了费曼的名字。

费曼本来不想接这份工作。当时他已经身患癌症，心脏也有问题，但他的妻子格温妮丝（Gweneth）说服了他。要想拨开官僚的烟幕，得到事故的真相，就得用他的非常规方法进行调查。费曼的做事风格显然与领导委员会的官员和军事专家截然不同。费曼对委员会的缓慢行动和冗长、浪费时间的实情调查访问感到失望。像爱因斯坦一样，他也不喜欢权威。受一名工程师的启发，费曼猜想，发射时的冰冻温度可能会对巨大的O形橡胶环产生影响，而O形橡胶环密封着火箭发动机的连接处。费曼需要立即实验，他可不愿意让调查过程拖上几个月。

在一次电视直播的委员会会议上，费曼给了官僚们一个惊喜，这次会议仅仅是为了应付调查而现场取点拍摄。费曼看到大家在传递一个航天飞机模型，模型上有O形环的连接处。镜头一对准费曼，他就准备表演了。他从口袋里掏出一把钳子和一把螺丝刀，用它们拆下了一块航天飞机使用的橡皮环。他用一个小夹子把橡皮环夹紧，就像航天飞机上的马达大外壳夹紧橡皮环一样。然后，他把它们浸入准备给委员们喝的冰水中。然后他取出橡皮环，拿下夹子，橡皮环并没有弹回原状，而是花了几秒钟的时间才恢复。费曼用生动的方式演示了O形环在接近冰点时无法保持弹性密封，而弹性密封对于安全是至关重要的。

透过现象看本质

抛开出色的理论物理学家身份，引起观众的兴趣并给他们传播科学信息的能力，依然会让费曼成为一个伟大的知识传播者。当费曼还是个孩子的时候，他就对事物的运作机理很感兴趣。他总是把这归功于他父亲的影响。1918年5月11日，梅尔维尔・费曼（Melville Feynman）和露西尔・费曼（Lucille Feynman）生了一个儿子，他们无法预测儿子的未来，但梅尔维尔确信，他的儿子将超越固化思维，看到标示和限制可能性的标签之外的东西。他鼓励理查德・费曼去思考事物的本质，而不是习惯于我们给它们贴上的标签。

费曼不顾形式和界限是出了名的。他忽略事物标签而寻找其背后的真理，而且他有一种罕见的能力，在一个专业化程度越来越高的世界里，拥有像达・芬奇和牛顿那样广泛的兴趣。大多数物理学家把自己限制在科学世界中一个非常狭窄的领域。这样，他们可以宣称自己有专业知识，并坚持这一特定主题的独创地位。这也意味着他们可以运用漫长的思考和必要的发展来开辟科学的新途径。

费曼对地位不感兴趣（当他得知被授予诺贝尔奖时，他认真考虑过后拒绝了，而且他从未接受过荣誉学位）。他真的不介意自己是不是发现一个理论的第一人，这意味着他经常很晚才发表自己的发现，他觉得自己知道就够了。由于缺乏身份意识，他的工作方式异常集中——他经常在很短、很紧的时间内发展自己的理论，而且他的兴趣还非常广泛。他对与物理有关的任何话题都感兴趣。只要有难题要解，他就会高兴地从一个挑战跳到另一个挑战。

事实上，他的兴趣不局限于物理学。他还经常涉猎生物学，这一习惯是在他读研究生的时候培养起来的，当时为了丰富经历，他参加了一些本科生的生物学讲座。费曼在他的经典逸事集《别逗了，费曼先生》中讲述了自己的经历，这很好地说明了费曼从不满足于别人的工作，而是喜欢探究事物的本质，基于这种方法，他在物理学上做出了独有的贡献。参加生物学讲座时，有一个课堂练习是评论一篇测量猫神经电脉冲的论文。费曼想知道文中提到的猫的各个部位，于是他去图书馆找"猫体构造图"，问得图书管理员一头雾水。

当轮到费曼就这篇论文做报告时，他首先解释了猫的内部构造。他的同学们指出，他们已经知道猫的各部分的肌肉名称了。"哦，"费曼说，"真的吗？那么，你们念了四年的生物，我却一下子就追赶上你们了。"机智不是他的长处之一。在他看来，花时间去记15分钟就能查到的东西，就是浪费时间。后来，在著名的"红皮书"（《费曼物理学讲义》）中，他整理了20世纪60年代初给本科生所做的一系列物理讲座，其中他用不到一半的篇幅（诚然也很多）就总结了整个经典物理学。实际上，其他所有的物理学内容也都是“十五分钟就能查到”，或者可以从九个方程中推导出来。

发现物理

在成功读完高中后，费曼申请了两所大学——哥伦比亚大学和麻省理工学院。但哥伦比亚大学没接收他，因为该校的犹太人名额已经满了（1935年，美国还弥漫着种族主义）。麻省理工学院则非常想要他，费曼在那里度过了四年非常成功的本科学习。他开始学的是数学，费曼认为学数学就像走路或吃饭，非常容易，但不久他意识到，严肃的数学家为数学没有应用性而自豪，而费曼想务实一些，所以转学工程，但他发现学工程缺乏挑战。最后，费曼选定了他一生的挚爱——物理学。

对于许多大学生来说，完成课程是最低要求，课程之外则有一段美好的大学时光。虽然费曼也参加社交活动，但他的心思却全在物理上。入学不久后，他就开始学习高年级课程，拓宽自己眼界。在大学的最后一年，他在著名的学术期刊《物理评论》上发表了两篇论文，这对一个本科生来说是一项非凡的荣誉。费曼很清楚毕业后要做什么，唯一的问题是申请哪个学校读研究生，由于发表了文章，他已经有一些名声了，因此有很多选择。最后他选择留在麻省理工学院读研究生。

20世纪30年代后期的美国是一个既狭隘又孤立的国家，费曼就是在这样的环境中成长起来的。他看待世界上许多重要的事情总有些孩子气。他很不喜欢文学，看不上哲学和宗教，除了喜爱击鼓之外，音乐也吸引不了他。由于文化上的不成熟，费曼显然只能选择留在麻省理工学院读研究生，他熟悉这里，所以肯定更适合。幸运的是，麻省理工学院的物理系主任约翰·斯莱特（John Slater）没有那么狭隘，他坚持让费曼去看看外面的世界。后来，费曼选择申请普林斯顿大学的研究生。

尽管费曼的文学和历史成绩非常糟糕，普林斯顿大学还是录取了他。也有人担心他是犹太人。那时候，普林斯顿大学是所优雅的学府，它仿照牛津大学和剑桥大学办学，是一所非常正规的常春藤盟校。虽然学校没有犹太人配额，但招生委员会肯定会就出身问题为难申请人的。费曼在麻省理工学院的老师们给他担保，让普林斯顿大学相信——他们不该错过费曼，并且费曼的外表和行为都不像犹太人。

费曼不喜欢普林斯顿呆板的生活方式，但是研究生院的呆板作风没有影响到物理系，得益于普林斯顿高等研究院（爱因斯坦在这里工作过），物理系还是有着很高的教学质量。在研究了许多不同的物理问题之后，费曼把博士论文选题定在量子力学领域。这是他在获得诺贝尔奖的道路上迈出的重要一步，他的工作将改变人们对光的理解。费曼想找到一种更简单的方法来描述量子理论，而在此之前，量子理论还需要复杂的数学计算过程。问题是，此时他还找不到立足点，他不知道从哪里开始。

世界线

直到1941年春天，他才偶然读到英国物理学家保罗·狄拉克

（Paul Dirac）的一篇论文，其中描述的一小部分内容是费曼想实现的方法。随后，费曼进行了非凡的思维跳跃，他想到了泛化狄拉克的工作。最终费曼发展了一种非常直观的方法，这很符合他的特点。这种方法就是粒子可能的“世界线”的图，即粒子在空间中的位置与时间的关系图（图9.1）。如果时间是纵轴，则空间是横轴。一条竖直向上的直线可以描述一个完全不运动的粒子，以稳定速度运动的粒子则显示为一条斜向上的直线。也就是说，“世界线”是粒子存在的历史图。

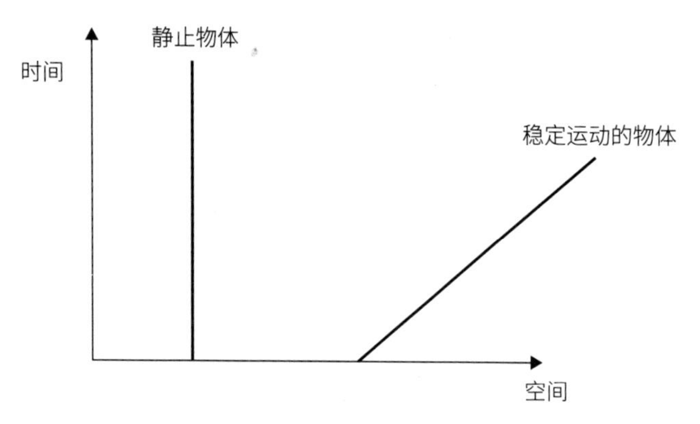

图9.1　静止的粒子和稳定运动的粒子的“世界线”

费曼发现，他可以通过画出每一条可能的“世界线”来描述一个粒子的行为——“世界线”连接粒子的起点和终点，然后根据每条“世界线”出现的概率将它们拉到一起。这听起来是一项不可能完成的任务，但自从牛顿和莱布尼茨发明了微积分之后，只要数值间隔越来越小，就可以把无穷多的部分组合起来。当时，费曼的这一发现没有任何实际用途，只是给他的博士论文提供了很好的基础。第二次世界大战爆发之前，费曼的博士研究进展顺利。1941年夏天，在日本偷袭珍珠港之前，费曼已经参与了战争工作，暑期他用机械计算机来提高炸弹投放的精准度。随着美国全面参与战争，他的生活经历了更大的变化。

自从爱因斯坦给罗斯福总统写了警示的信以来，就有人担心德国人在研发新的爆炸装置，利用铀的同位素U–235的不稳定性产生巨大的爆炸，也就是原子弹。美国及其新盟友认为，研制自己的炸弹才是唯一安全的行动，而且要迅速研制。就在美国太平洋舰队遭受毁灭性袭击的同月，费曼被邀请加入一个新的绝密团队。一开始，费曼拒绝了这一邀请。他不喜欢军队程序化的思维，另外，他还要完成博士论文，而且他也不太支持大规模的摧毁方式。但随着时间一分一秒地过去，他无法将炸弹的念头从脑海中抹去。如果德国人首先研制出来，他们会做什么？想到德国人对那么多犹太同胞的所作所为，费曼放弃了挣扎，几分钟内就确立了自己的新角色，接受邀请。

代号“三位一体”

费曼发现自己所在的团队实际上并不是在制造炸弹，而是要研究如何获得U–235。在自然状态下，铀主要由稳定的U–238构成，其中散布着非常小比例的放射性同位素U–235。因此，分离U–235并不是一件小事。这是一项重要的工作，但并没有让费曼筋疲力尽。由于进展缓慢，他请了几周的假来完成他的博士论文并提交了它，于1942年6月获得了博士学位。尽管费曼不在意社会地位，但他有一个迫切的理由要获得博士学位。作为研究生，他是不能结婚的，否则会被停发奖学金。随着这一限制的解除，他和长期交往的心上人阿琳（Arline）终于可以确定下个月结婚的日期了。

年轻人不仅有热情，时间对他们来说也很紧迫。此时，阿琳已经病了一段时间了，在一次霍奇金氏病的误诊后，她被发现患有淋巴结结核，医生认为她只能活几年了。费曼的家人劝他不要结婚，虽然他们都喜欢阿琳，但觉得费曼不必要束缚住自己，甚至把自己置于感染结核病的危险之中。事实上，为了避免感染，费曼和新婚妻子必须受到严格限制，避免过多接触，但费曼不会放弃阿琳。他安排新娘搬到普林斯顿附近的一家医院（她将在医院的病床上度过他们的整段婚姻），甚至自己装配了微型救护车把她带出医院举行婚礼。

到1942年底，两个团队同时研究分离U-235，一个是费曼的团队，另一个是加州大学的团队，两个团队互相竞争，加州大学团队的方法明显比费曼团队的要有效。费曼和整个团队被要求搬到新墨西哥州的洛斯阿拉莫斯，加入曼哈顿计划——致力于努力制造核弹的计划。费曼同意了，但提出一个条件，要给阿琳在附近找个医院。如果阿琳转院到阿尔伯克基（新墨西哥州最大的城市），他们之间的直线距离是60英里（约97千米）。

费曼对曼哈顿计划的方方面面都有贡献。无论做什么，他都有成功的决心。他喜欢修理计算器，也喜欢研究理论，所以被任命负责理论计算小组，使用精密的IBM电子计算机来处理制造核弹所需范围、释放的能量等。尽管费曼刚刚毕业，但还是被安排在这个重要的职位上，因为他思维敏捷、蔑视权威。当理论部的负责人汉斯・贝特（Hans Bethe）抛出一些想法时，费曼会马上评论。费曼并没有对贝特毕恭毕敬，而是把他的想法确切地告诉贝特——他同意什么观点，不同意什么观点。贝特很欣赏费曼的性格，给他一个团队领导的职位来奖励他不盲从权威。

随着核弹研制工作的进展，阿琳的健康状况持续恶化。这对夫妇不断通信，除此之外，大多数周末费曼都会去阿尔伯克基，但是1945年春天，阿琳的身体已经非常虚弱，并于当年6月去世。一个月后，汉斯・贝特给费曼发了一条神秘的信息，说“孩子已经出生了”，费曼随即被召回到洛斯阿拉莫斯。1945年7月16日，代号为“三位一体”的原子弹开始测试。在洛斯阿拉莫斯以南200英里（约320千米）的阿拉莫戈多沙漠，一枚钚基炸弹安装在110英尺（约34米）高的塔顶上。费曼亲眼了史上第一次核爆炸。不到一个月后，美国往广岛投放了一枚铀基原子弹，接着又往长崎投放了一枚钚基原子弹，结束了战争和曼哈顿计划。

另眼看世界

然而，奇怪的是，费曼最被人记住的不是他作为曼哈顿计划一部分所做的工作，而是计划外的活动。从到洛斯阿拉莫斯的第一天起，他就给安保团队制造麻烦。这并不是说费曼认为战争不需要安全，只是他对那种认为行动比实质更重要的传统官僚心理感到震惊。大部分详细说明铀的提取方法和制造原子弹的秘密文件都保存在文件柜里，用普通的街角商店挂锁锁着。留言批评不是费曼的风格，相反，他撬开了挂锁，打开文件柜，证明这些锁是多么不牢固。他甚至发现，只要把柜脚朝上倾斜，他就可以把最下面抽屉里的东西取出来，甚至都不用打开它。如果他需要一份报告，而办公室里没人，报告备份锁在文件柜里，那么他会打开锁，取出文件，然后重新锁上柜子，归还文件时，文件的主人就会知道发生了什么。

最终，费曼的不断施压让安全办公室想出了一个办法。他们新安装了一批莫斯勒安全公司制造的高级别安全柜，配有密码锁，他们可能在想"这下能防住他了"。这一次，费曼还真的没能立刻想到开锁办法。这些锁需要按顺序输入三个数字，锁上没有东西可以碰开，也听不到齿轮的声音。但用锁进行几次试验后，费曼很快发现这些锁的数字组合并没有看上去的那么复杂。例如，正确数字是65，那么输入63到67之间的任何数字也可以，换句话说，每5个数字中只需试一个便可以了，这样总数为100点的转盘就只剩下20种可能性。费曼估计，4个小时左右手动输入数字组合就可以打开柜子，但那样还是太辛苦了。

一个偶然的发现，让费曼破解了开锁方法。当柜门打开时，他发现可以读出密码组合的最后两个数字。当他转动表盘经过关键位置时，锁上的螺栓就会晃动。没过多久，他就可以背对着柜子靠触摸确定数字，只要瞥一眼表盘他就能记下结果。一有机会，他就记下安全柜的第二和第三个数字。然后，当他需要开锁时，他只需要尝试第一个数字的20种可能。莫斯勒安全公司的密码锁被破解了。一旦有一个难题要解决，费曼就会像狗一样烦扰它，从不同的角度扑向它，直到解决，他才罢手。正是费曼的这种性格，使他成为伟大的物理学家。对于美国及其盟友来说，幸运的是周围没有像费曼那样兼具天才和毅力的敌方间谍。

在曼哈顿计划结束时，费曼基本上可以选择去哪所大学了。他决定跟随他在洛斯阿拉莫斯的导师汉斯·贝特，回到纽约伊萨卡的康奈尔大学，和普林斯顿一样，这是一所著名的常春藤盟校。到康奈尔的第一年，费曼非常沮丧。他无法忘怀原子弹工作的意义，他失去了阿琳，1946年他的父亲也去世了。但费曼实在是太喜欢物理了，他想进一步研究光和物质的本质，这想想都令人兴奋。

费曼原创思想的核心是一个简单但有力的概念，也就是科学家经常说的一些“简洁”的组合，费马在解释反射和折射机制时就用了这个概念，那就是最小作用量原理。这个原理说，万物都是懒惰的，一个物理现象的形成是最小的作用或最少的时间的结果。费曼16岁时，他的物理老师亚伯兰·巴德（Abram Bader）向他介绍了这一原理。他关于量子力学的博士论文背后也隐藏着同样的原理，基于此，他发展了一个新的理论——量子电动力学（Quantum Electrodynamics），简称QED。

奇怪的理论

费曼自己后来把量子电动力学描述为“关于光和物质的奇怪理论”。本质上，量子电动力学描述了光和电子是如何相互作用的。这不仅仅是费曼的一时兴趣，它是理解光的基础。光不是凭空而来的。光子开始生命，传播——可能会传播几十亿年，然后被摧毁。它存在的每一个端点——出生和死亡，都涉及与物质的相互作用。首先是电子的电荷产生了光子，然后光通过电磁相互作用开始传播，犹如电磁之间优雅的舞蹈，麦克斯韦第一次描述了这种现象。最后，另一个电子的电场会让光消失。量子电动力学描述了光的生命周期。而且，正如费曼发现的那样，光是物质持续存在的基础。

量子电动力学不是费曼独自发展起来的。他的博士论文提供的方法是量子电动力学取得实际进展的工具，而另一位年轻的哈佛教授——朱利安·施温格尔（Julian Schwinger）也在发展量子电动力学上取得许多实际进展，贝特也做了进一步的研究，日本科学家朝永振一郎（Sinitiro Tomonaga）独立完成了类似施温格尔的研究。即便如此，费曼以清晰的图形形式表达思想的能力是独树一帜的。此时费曼方法的威力还不明显，事实上，许多物理学家看不上费曼的图示方法，但是一个跟随贝特学习的年轻的英国人——弗里曼·戴森（Freeman Dyson）——把朝永振一郎、施温格尔和费曼的方法综合起来，证明了它们之间的等价性，形成统一的量子电动力学，最终让物理世界能够欣赏费曼的方法所做出的贡献。

量子电动力学在物理学的很多方面都产生了深远影响。除了引力和原子核的运作外，量子电动力学描述了自然界的一切是如何运作的。只要你有足够的耐心，就可以从这个理论很好地推导出与之相关的所有物理和化学知识。更重要的是，与许多物理理论不同的是，量子电动力学与现实惊人地接近，甚至出现偏差也可以理解为：它仅仅是超出实际的精确计算。

量子电动力学将光的工作原理分解为单个光子，因为它们足够小，所以可以用量子理论来解释。毫无疑问，光子是存在的。正如费曼在一系列关于量子电动力学的热门讲座中指出的那样，当时制造单个光子和测量它的影响已经很简单了。这一点，费曼很确切地表述在他关于量子电动力学的书中：

> 我想强调的是光的粒子表现形式。知道光像粒子一样运动是很重要的，特别是对于你们中那些上学的人来说，你们可能学过光像波一样运动。我告诉你它是如何像粒子一样运动的。

所以，根据费曼的说法，大体上，牛顿猜想光是一系列微粒是正确的。但作为量子粒子，光有一些非常奇怪的行为。

量子行为

晚上站在一个有灯光的房间里，看着窗户。你会看到各种各样的图像，部分是外面的，部分是反射屋内的景象。一部分光线通过玻璃，而另一部分光线则被它反射回来。假设有一束光粒子撞击玻璃，我们要计算被反射的光子和通过的光子。在任何情况下，每个方向都有一定的概率。光子有可能会被反弹或通过。但是每个光子是如何决定的呢?

在这一点上牛顿的理论确实有问题，这也是波动理论成功地取代牛顿理论的主要原因之一。牛顿和他的追随者试图解释为什么一些光粒子会随意地反弹，一些则会通过，但是没有任何论点可以经得起实验。我们知道一定比例的光子会反弹，但不知道单个光子的行为。这和轮盘赌博一样是一个机会游戏（事实上，轮盘赌博的轮盘不是真正随机的）。牛顿不接受自然界的这种随机方式。他希望在这个机制背后找到一个绝对的规则，但没有成功，它仍然是随机的。

然而，如果光子选择是否反弹看起来有些奇怪的话，那么当你同时考虑玻璃两边时，你绝对会抓狂的。让我们继续保持晚上望着窗户的感觉吧。一些光子从玻璃靠近你的一边弹回来。其他光子继续往玻璃里走，很快它们就到了玻璃的另一边。这时，它们仍然有选择，可以直接飞到寒冷的夜空中，或者从这里反射回玻璃中。我们知道光可以在玻璃边缘与空气接触的地方反射，这也是光纤的工作原理。

到目前为止，这似乎还不算太了不起。但当你开始计算单个光子时，一些奇怪的事情发生了。被反弹的光子数量取决于玻璃的厚度。这并不全然令人惊讶，因为你可以想象，玻璃的厚度会以某种方式改变它与外部空气接触时反弹的光子数量。但非常奇怪的是，从玻璃前端反弹的光子数量也会因厚度而改变，好像光子在前端反弹点就已经知道，如果它穿过玻璃，能走多远。如果真是这样的话，的确令人毛骨悚然。

光在玻璃的两个表面上反射用波动理论解释是毫无问题的，可以用我们的“老朋友”干涉解释发生在从玻璃远端表面反射的波和附近的波之间的现象。但如果光是由单个光子组成的，这怎么可能发生呢？但事实是，即使一次实验只测量一个光子，它也会发生。

记住，就此而言，托马斯·杨的双缝也产生了明暗相间的条纹。同样，如果光是一种波，这很容易解释，因为通过双缝波会相互干涉，相互叠加或抵消，产生明暗相间的图形。但是单个光子怎么产生这样的效果呢？它们确实是这样的，如果一次只发射一个光子，最后仍然会产生干涉图案，就好像每个光子同时通过两个狭缝，自己与自己相互干涉。

量子行为不能实现锦上添花是因为光子拒绝被捕获。如果你在狭缝中放入特殊的探测器，记录每个狭缝有多少光子通过，那么干涉图案就会完全消失。一旦你确定了单个光子穿过的狭缝，就不会再有干涉了。让它成为一个概率之谜，干涉模式就会重新出现。

对费曼来说，这既是好消息，也是坏消息。量子电动力学是一个能够精确预测实际情况的理论，但它并没有让正在发生的事情看起来更加合理或合乎逻辑。这只是生活中的一个事实，我们的大脑处理的是正常的世界，而不是怪异的量子层面的世界，而世界只有这两种运作方式。

时间之矢

费曼描述自然界的秘密武器是他的视觉思维。他不喜欢处理大量没有特点的方程，他喜欢用图表思考。费曼发明了一套带有小箭头的图，箭头的大小表示某一特定事件发生的概率，箭头的方向表示时间点，箭头像时钟的秒针一样随时间旋转。将光子可能行为的所有箭头组合起来，就可以准确地预测光子的行为。

费曼越想这些代表概率的小箭头，就越可以看到光的所有复杂行为，包括反射、折射、干涉和衍射，这些似乎要用波理论才可以解释的现象，现在可以完全用光子来解释，只要你有这样的意识——光子的行为是非常奇怪的。这并不是说光没有像波一样的特性，今天大多数物理学家仍然把光看作是波和粒子的混合，它很方便解释某些现象。但是，费曼和他的同事提出了一个完全不同的解释光的理论，这个理论不需要波。

仍然流行用波动理论描述光的原因之一是，用量子电动力学的方式来思考就意味着要应对世界上怪异的量子观。以最简单的光现象——反射为例。我们已经习惯了“现实世界”的事物反弹的方式，例如，球的反弹。当它以一定的角度撞击地板时，会以相同的角度朝相反方向反弹。同理，水面上的波也是如此。所以似乎有理由猜想光的行为方式是一样的，而且看起来确实如此。而量子电动力学的世界里，“看起来”是关键，这些令人恼火的光子的概率性行为并不迎合普通世界的期望。

事实上，当光子以一个特定的角度撞击镜子时，它会以原来的角度进行反射。想象一束光撞击镜子，然后反弹进入你的眼睛。根据量子电动力学，光束不需要在镜子中间传播，直接会以与入射角相同的角度反射到你的眼睛。在传播过程中，光束可以击中任何地方，然后以完全不同的角度反弹到达眼睛，但当你把费曼给出的所有不同路线的概率箭头叠加起来，会发现它们大部分都互相抵消了，最后的结果是光束沿传播时间最短的路径行进，也就是以与入射角相等的角度反射。

但这些相互抵消了概率的路径并不意味着它们不存在。你可以证明这一点：如果你磨掉大部分镜片，只留下一个薄片，显然光无法反射；但如果在薄片上覆上一系列细的深色条纹，只留下那些概率箭头指向同一个方向的路径，反射就会发生，即使光的反射方向完全偏离我们所理解的方向。

实际上，你不必费心摆弄镜子和细纹就可以看到这一切的发生。记住费曼的小箭头——它们随时间旋转。但它们会根据光的频率以不同的速度旋转。对可见光来说，光的频率反映了它的颜色。所以不同的颜色会被这些细纹以不同的角度反射出来。用白光照射一面刻有细纹的特殊镜子，你就会看到彩虹。实际上每个人都有这样的镜子——CD或DVD。把它翻过来，把闪闪发光的一面对着灯光倾斜，你就能看到彩虹条纹。这是由于它表面上的一排排并列的凹槽，让光线以离奇的角度反射到你的眼睛里。这就是量子电动力学在起作用。

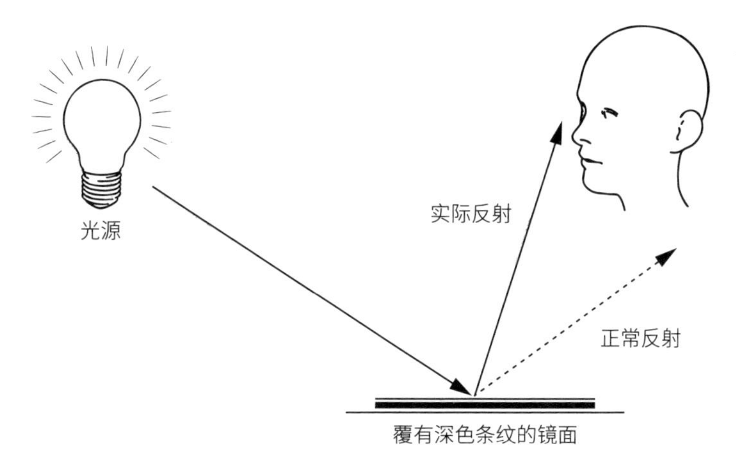

图9.2　量子电动力学预言奇怪角度的反射

同样的方法可以用来研究光学的所有行为。例如，透镜从边缘到中心的厚度变化意味着所有的概率箭头都旋转得恰到好处，然后到达一个特定的点——焦点，即所有的箭头都指向正确的方向。但是量子电动力学能解释得更多，不仅仅是解释带箭头的光发生了什么。因为在整个过程中，光并不是唯一的参与者。在光的所有行为中，除了沿直线飞行外，它还会与物质相互作用。更确切地说，光子生命的开始或结束，要归功于像电子这样的带电粒子。

随电子起舞

有电子和光子的情况下，费曼图有点复杂。为了理解发生了什么，费曼得利用“世界线”，即纵轴是时间、横轴是空间的图。画出电子和光子每一种可能的相互作用，然后结合他的概率理论，就有可能成功地预测实际发生的每一件事（除了预测涉及引力和原子核的事情）。

引入电子后，我们就可以理解量子电动力学所说的光被镜子以奇怪的方式反射了。如果我们认为反射的光被镜子反弹出来，就像球从地板上反弹一样，那么反弹方式确实很诡异。但是有了量子电动力学后，我们知道每一个光子都会被镜子中的电子吸收，随后产生新的光子朝不同的方向发射出来（方向不同是因为在这个短暂的过程中概率箭头发生了旋转）。这种情况下，光子不需要正常反弹，因为它们根本没有反弹。

有了以上的解释，就可以揭示一块玻璃两面反射的奥秘了，也就是我们同时能看透玻璃和看到玻璃反射的奥秘。当牛顿绞尽脑汁，试图解释光微粒在玻璃两面的反射会受其厚度的影响时，他忽略了实际发生的事情。实际上，光通过玻璃时，玻璃中的电子会抓住光子，然后产生新的光子。发射光子的不同方向概率组合形成部分反射。由于光穿过玻璃的整个过程都有这种相互作用，因此玻璃的厚度改变反射的方式也就不足为奇了。

我们的“老朋友”大气散射也是一个类似的捕获和释放的过

程，最终形成了蓝色的天空。来自太阳的光子被空气分子中的电子吸收，片刻之后，电子释放出一个新的光子，但方向跟之前不同，也就是说光子被散射了。物理学家用这种吸收和重新发射光子的能力，能够解释另一个奥秘——为什么我们不会全部坍塌成零。

所有的物质，包括我们每个人，都是由原子组成的。每个原子由一个带正电的原子核和一个或多个带负电的电子组成。原子核是原子中紧凑的、相对较重的部分，而电子则相对来说轻得多。正电荷和负电荷相互吸引，所以电子本来可能进入原子核中被清除掉。幸运的是，这种情况不会发生，正是光阻止了这种情况的发生。原子核和电子不断地交换光子流，这种相互作用足以保持电子不落入原子核中。这意味着，每个原子、每个物理对象、每个人都是一个绝对的光球，光子不停地参与作用，保持物质的完整性。这种光是看不见的，它永远无法离开紧密原子的世界，但它就在我们内部，我们是真正的光的生物。

量子电动力学是物理和化学的基础。它解释了光的行为，而没有诉诸波，并且证明了光是如何保持我们所有人完整地存在。从20世纪40年代起，费曼图是现代理解量子电动力学的重要组成部分。费曼对我们理解光和物质的贡献在历史上是无与伦比的。

安顿下来

1950年，费曼过得很沮丧，一是因为纽约州很冷，另外是康奈尔大学对科学不重视。他一度到南美洲生活，但最终搬到了帕萨迪纳的加州理工学院。在阿琳死后的那些年里，费曼到处留情，获得了花花公子的名声。后来他感觉有必要安定下来。经过一阵闪电式的恋爱后，他娶了玛丽·卢·贝尔（Mary Lou Bell）。费曼认识玛丽·卢时，她还是康奈尔大学的一名艺术史方向的学生。他们互相吸引是因为他们能够互补。费曼和玛丽·卢的生活一点也不无聊，事实上，互补的婚姻是好是坏似乎是一场漫长的争论。

玛丽·卢很清楚教授应该是什么样子，她想要把不墨守成规的费曼塑造成她认为的受人尊敬的学者形象。与此同时，她又认为物理学家枯燥乏味，并鼓励费曼把社交生活与工作分开。她希望费曼减少自己喜欢的聚会，多参与更高雅的艺术圈的活动。她就是以这种典型的方式对待伟大的物理学家尼尔斯·玻尔（Niels Bohr）的，玻尔曾希望在短暂访问加州理工学院时见见费曼。然而，玛丽·卢却没有及时告诉费曼，玻尔走后，她才告诉费曼，他错过了和“某个老家伙”共进晚餐。

与玛丽·卢成婚后，费曼适当地将他的主要研究领域转到一个非常冷的课题——超流。把氦气冷却到只比绝对零度高2摄氏度，即零下271摄氏度时，氦气就表现得非常奇怪。氦气的电阻消失了，成为完美导体。在极低温度下，液态氦也有一些奇怪现象，它的黏性会消失，甚至可以摆脱重力沿着管道向上流动，好像要挣脱重力逃跑。费曼写了一大堆论文，来解释这种不大可能存在的物质中的原子发生了什么，这再一次展示了费曼图的威力。

1956年，费曼夫妇的婚姻走到了终点，这段婚姻大约持续了四年。玛丽·卢始终不能取代阿琳在费曼心中的地位。这并不是说和费曼相处时，阿琳很弱势，她也经常和费曼争论，但本意总是鼓励他的创新。当费曼抱怨别人反对他的想法时，她宽慰他说：“你干吗在乎别人怎么想？”每次和阿琳争论之后，费曼都感觉有所收获，提升了自己的信心。然而，玛丽·卢和费曼之间只有消极的争论。离婚后，费曼还是想要找个人填补阿琳在自己心中的位置，这属于人之常情。1958年，费曼在瑞士遇到了一个年轻的英国女人，在她身上费曼看到了阿琳的影子。

当费曼和格温妮丝·豪沃思（Gweneth Howarth）相遇时，费曼已经40岁，格温妮丝只有24岁，但格温妮丝的独立精神和幽默天赋足以与费曼媲美。她辞去了工作，在没有任何资金的情况下就敢环球旅行，这对于当时的年轻女性来说，勇气非凡。但她的现金花得比预期的要快。现在，为了生计，她在日内瓦做着互惠生工作（外国年轻人从事的帮做家务、照顾小孩等换取食宿和学习语言的工作）。费曼和她相处得很好，给了她一个很容易被误会的工作。他建议格温妮丝去加州当他的女管家，他会给她很高的薪水，有了钱，以后的日子里，她想旅行就可以旅行。

对格温妮丝来说，这不是一个容易的决定。20世纪50年代末，人们还是看不起管家的工作，但她证明了自己并不太在乎旁观者的意见。1959年6月，她搬到了加州阿尔塔迪纳费曼的家。此后一段时间里，他们有各自的生活。格温妮丝有男朋友，费曼和往常一样有一连串的约会。只是偶尔费曼会和格温妮丝出去玩，他们会玩得很开心。但当费曼向格温妮丝求婚时，格温妮丝既吃惊又欣喜。他们于1960年结婚，格温妮丝陪费曼走完了余生。

在见到格温妮丝之前不久，费曼就被一个关于弱核力相互作用的新问题所吸引。相互作用后，原子核会发射出一个电子，卢瑟福称之为贝塔粒子。费曼再次运用费曼图，成功地加深了对这种基本相互作用的理解，他的工作使他当之无愧地获得了诺贝尔奖。事实上，他是因为20世纪40年代对量子电动力学的研究，获得了1965年的诺贝尔奖，不过费曼并不在意哪项成果获奖。

费曼一直工作到1988年去世，不像大多数科学家，费曼的一生几乎完美。他是一位出色的老师，在拥挤的听众面前用他独有的拖腔讲课——想象一下托尼·柯蒂斯（Tony Curtis）在做物理讲座。完成弱核力的工作后，他继续研究电子和质子等基本粒子的结构，并做出了突出贡献，同时在理解引力方面迈出了重要的一步，足以再获得一次诺贝尔奖。他死于癌症，享年70岁。费曼在家庭生活上投入了与物理同样多的精力，家庭和物理充斥了他的一生。多亏了费曼，整整一代物理学家在成长过程中特别喜爱这门学科，而且就算是我们这些没有技术知识来理解细节的人，仍然会对费曼发现和描述的光在所有物质中的基本作用感到惊讶。

随着费曼对普朗克和爱因斯坦的量子理论的发展，构建有史以来最非凡技术的基石已经到位。

新秩序

这项技术的核心是激光的发明。激光是一个“混血儿”。它最初是苏联科学家尼古拉·巴索夫（Nikolai Basov）和亚历山大·普罗霍洛夫（Alexander Prochorov）研究微波光谱时偶然发现的。1954年初，这个苏联的研究团队在研究刺激性氨气的微波光谱。早在三十七年前，爱因斯坦就预测过一系列连锁反应会产生光，他称之为“受激辐射”。

根据爱因斯坦的理论，原子中的电子被光子击中时，电子会上升到高能态，就像把一桶水放在一扇打开的门上一样。当另一个光子击中了那个电子时，不仅光子本身会重新发射，而且会触发电子释放储存的能量，再发射一个光子，就像用水管往门上冲水，水桶倾倒，结果就是门上会有两股水落下。

巴索夫和普罗霍洛夫发现，在不可见的微波区域，恰当频率的光能触发氨释放出更多的光子。在一个密封的腔中产生的光子可以激发更多的光子，这是一种金字塔式的光产生机制。与传统光源不同的是，受激产生的光波似乎是一起移动、同步振动。在这种机制下，微波光子的初始弱源被放大。因此它被称为“受激辐射的微波放大”，简称“微波激射”。

1960年，美国的西奥多·哈罗德·梅曼（Theodore Harold Maiman）发明了可见光激射器。这个概念曾引发美国物理学家阿瑟·伦纳德·肖洛（Arthur Leonard Schawlow）和戈登·古尔德（Gordon Gould）之间的专利大战。最终认定古尔德是理论创始人，而梅曼则根据理论制造了它。古尔德将这一概念称为激光，用“光”取代了微波激射中的“微波”。

与微波激射不同的是，梅曼的设备使用固体物质来产生受激辐射，他用红宝石来发出深红色的光。这些光是用闪光灯管激发出来的，整个装置就像一个巨大的摄影闪光灯。在红宝石内部，光前后传播，红宝石两端各有一面镜子，光传播到两端后反弹回来，每次都激发更多的光子。其中一面镜子只有部分镀银，允许部分光逃逸，而另一部分则回到系统中。

激光产生的方式与太阳光或白炽灯光完全不同。虽然激光也是一种波，但它的每一个波都同步移动。费曼图中光子的概率箭头是同步的。因此激光是一束非常强大的单色光，不容易像普通光一样散射和分散。从地球出发的激光束从月球反射回来后，仍然是一束紧致的光。

玻璃网

在激光出现之前，有两项发展将加速它的发明，并迅速将其从新颖的玩意儿变为必要的工具。一个是光纤，这个概念的出现可以追溯到1854年。它源于约翰·丁达尔的一个意外发现，丁达尔曾将天空的蓝色解释为尘埃的散射效应。丁达尔观察水从水箱的一个洞里流出来时，注意到水花溅在地上时有一个跳动的光点。水流引导着光，像许多小镜子一样把光从水流的边缘来回反射，然后才到达地面。

水流中光的这种效果就是光的极致折射。光穿过水面，到达水和空气的边界时，折射光线会向水面弯曲。折射更大时，弯曲的角度越大，最终光线与水面平行。从更极端的角度看，光线就像是从水的边缘反射回来，永远无法逃逸。这种效应就是所谓的全内反射。

光理应以直线传播，但像水流一样的反射表面捕捉光线后，光就可能沿着曲线传播。这就是光纤的原理，光纤是一种引光技术。丁达尔发现水箱里的现象十年后，查尔斯·弗农·波伊斯（Charles Vernon Boys）制造出了第一个玻璃纤维。波伊斯的技术很浪漫，他将半凝固的熔融石英片固定在箭上，然后用弓把它射到空中，石英就拉伸成一根头发一样细的玻璃丝。在梅曼之前，这些精致的光管只是一个新奇的玩意儿，直到有了梅曼的非凡发明，它们才变成了大众传播的工具。

固体幽灵

第二项促使出现激光发明的工作是由匈牙利出生的英国科学家丹尼斯·加博尔（Dennis Gabor）做出的。二战后不久，加博尔在思索我们看物体的方式。想象一下，透过玻璃窗看到桌子上的一个杯子。站在左边时，你会看到杯子的某个侧面——也许是把手和正面。向右移动，视野会逐渐改变，就会从不同角度看到三维物体。形成这些不同视野的光都落在玻璃窗上。所以，如果有某种方法可以拍下所有的照片，即捕捉杯子到玻璃窗的每一缕光线，你就能够重新创建从窗户看出去的景象，而且图像会随着你的视角而变化。

要应对来自不同方向的所有光子，你不仅需要像普通照片那样能分辨特定点的亮度，还需要区分波所处的阶段，也就是说要知道波的相位（相当于知道这些光子的费曼概率箭头之和）。为了做到这一点，加博尔假设有两束光落在玻璃上。一束从杯子上反射回来落在玻璃上，另一束直接落在玻璃上，像两束光穿过杨氏狭缝一样，这两束光也会相互干涉。这样在玻璃上形成的图案就会显示每一点的光在撞击玻璃时所处的波的相位。

加博尔发明三维图像的目的是改进电子显微镜，使其可以产生从多个方向观看的图像。他的科学动机总是受马上可以付诸实践的实际应用所驱动。在他十几岁的时候，他和弟弟乔治（George）在家里建造了一个精密的实验室。在实验室里，他们除了做简单的晶体管收音机外，更多的是做X射线和放射性实验。由于加博尔更偏向实际应用，他最初的研究方向是工程而不是物理（你也可以认为工程师有更多的工作机会），但他是在柏林上的大学，当时爱因斯坦和普朗克等伟大的人物活跃在柏林，加博尔受他们的影响很深，同时对应用科学和理论科学感兴趣。然而，在他的3D显微镜研究中，加博尔没有得到实际的结果。

即使加博尔采用更简单的方法，这里仍然有一个问题——他无法制作这些三维图像。（后来这些三维图像叫作全息图，希腊语“全息”的意思是完整的可以书写的图形。）要产生全息图，必须要用特殊的光源照射，当时还不能生成这种光源——它发出的光波需要同步振动。1960年激光问世后，全息理论就可以付诸实践了，而且密歇根大学的埃米特·利斯（Emmett Leith）和朱瑞斯·乌帕特尼克斯（Juris Upatnieks）只用了四年时间就制作出了第一幅真正的全息图，那是一幅火车模型和一对鸽子的奇特静物。

在20世纪60年代之后的几年里，激光已经司空见惯了。而在20世纪60年代，爱因斯坦颠覆了量子理论，量子纠缠的尝试也迈出了摇摇欲坠的第一步。

第10章 光的量子纠缠

上帝在周一、周三、周五用波动理论驾驭电磁学，魔鬼在周二、周四和周六用量子理论驾驭电磁学。

——威廉·亨利·布拉格

早在1935年，阿尔伯特·爱因斯坦就向量子理论的拥护者们发出了挑战。他意识到，如果量子理论是正确的，那么分离在宇宙两端的两个光子应该有可能相互影响。这显然与狭义相对论矛盾，所以他确信关于“量子纠缠”效应的论文将意味着量子物理学的终结和理智的回归。在科学方面，爱因斯坦很少出错，但这次他确实离题太远了。

“我不在乎”

爱因斯坦、波多尔斯基和罗森提出纠缠概念的原始论文令人费解。爱因斯坦后来说道，这篇论文本不必要写得这么复杂，而且写得很差。论文里的理论考虑了两个纠缠的粒子朝不同的方向发射。设想一个科学家测量其中一个粒子的位置，可以立刻得知另一个粒子的位置就在相反方向相同距离处，即使这个位置点只是在一个概率范围内（这只是一个思想实验）。这篇论文接着说，用同样的方法，不管两个粒子相隔多远，你可以测量一个粒子的动量（质量乘以速度），然后另一个粒子的动量也可以确定。对不同物理量的测量很容易造成困惑。爱因斯坦后来写道，“我不在乎”需要同时进行两次测量——在这里他用了一个德语短语“ist mir Wurst”，字面意思是“对我来说是香肠”，实际意思是“我不在乎”。

量子纠缠的概念比这篇论文要简单多了。两个光子只要纠缠在一起，那么它们就好像变成了一个整体。如果你要把它们分开，一个光子的变化会立即反映到另一个光子上。爱因斯坦不能接受量子纠缠的观点，是因为它似乎包含了“超距作用”，这是一个令科学家们感到恐惧的概念，因为它看起来更像是魔法而不是科学。

如果我想让某个事情在远处发生，那么我必须把一些东西从我所在的地方送到事情发生的地方。我可以向露天摊位上扔个球，把椰子打翻。我可以在空气中发送声波，让远处的人听到。或者我还可以点亮灯来发送一个信号。在这些情况下，都是有事物从一个地方传送到另一个地方。甚至引力——长期以来一直被认为是远距离作用，现在也被认为是通过引力粒子来传播，引力粒子以光速从一个物体传递到另一个物体。

由于爱因斯坦已经证明了没有任何东西的传播速度能超过光速，所以他确信不存在纠缠，因为这意味着纠缠在一起的两个光子会立即相互交流，而不需要时间来传递。如果没有东西穿过空间，结果要么是存在令人感到不安的“超距作用”，要么是没有作用存在，量子理论随之崩溃。

实现纠缠

当时，爱因斯坦的论文引起了短暂的震动，但很快就被束之高阁。由于量子理论过于复杂，大多数量子理论的支持者只是指出了这篇论文写作上有缺陷，而没有过多费心地考虑超距作用的基本问题。除此之外，这个实验，就像爱因斯坦的许多思想实验一样，不具备可操作性。就这样，大约三十年内，这篇论文几乎无人问津，直到北爱尔兰的物理学家约翰·贝尔（John Bell）想出了一个检验量子纠缠的方法，本质上，他是用统计测量方法证明量子纠缠是否有效，以此来检验量子理论是否错了。

贝尔的文章没有引起太多人的注意。此时量子理论已经很完善了，这个领域似乎没有什么可做的事情，大多数物理学家都专注于其他更时髦的课题。无独有偶，一位在非洲从事志愿工作的法国人——阿兰·爱斯派克特（Alain Aspect），打破传统，发现了实验验证贝尔的理论的可能性。爱斯派克特1971年休假期间，在中非的喀麦隆从事援助工作。长夜漫漫，他没有什么事情可做，就跳出物理学体系中流行的东西，有时间去思考他真正感兴趣的科学问题，其中包括约翰·贝尔的论文。回到巴黎时，爱斯派克特已经准备好从事量子纠缠研究了。他成功地通过实验证明，将信息从一个光子传递到另一个光子之前，一个光子的变化会反映在另一个与之纠缠的光子上。

为了产生纠缠光子，爱斯派克特使用了高温的钙，然后用一对激光轰击高能钙原子。得到能量后，一些钙原子到了更高的能态。随后，原子能态下降，释放光子。这个过程与光的普通反射过程几乎一样。但是每隔一段时间，释放的光子不是一个，而是两个更低能的光子。这两个光子“天生”纠缠在一起，在光学上相当于一对双胞胎。

爱斯派克特的技术产生纠缠光子的效率非常低。之后，科学家主要用另外两种方法产生纠缠光子。第一种方法名字很宏大，叫“参数化下转换”技术，使用与爱斯派克特类似的方法，但不是从热钙中获得“孪生”光子，而是让激光通过特殊晶体得到纠缠光子，这种方法更可控。另一种方法可用于任何量子粒子，而不仅仅是光子，它涉及分束器的使用。

分束器听起来像老科幻电视节目里的道具，但它在光学实验室里很常见。不仅如此，你家里有很多分束器，尽管它们的设计目的可能不一样。在前文中，我们已经见识过窗户是如何在反射一些光子的同时让其他光子通过，而这就是一个分束器。量子粒子流到达分束器后，一部分被反射，另一部分则通过分束器。

回忆一下，玻璃的厚度是如何影响从玻璃两面反射的光子数量的。击中玻璃内表面的光子不知怎的知道了玻璃有多厚，并随之产生反应。这时发生了类似于纠缠的情况，受到“超距作用”的光子即使没有穿过玻璃，也知道玻璃有多厚了，所以发射两个光子通过分束器后让它们成为纠缠态的方法似乎一点也不奇怪。确切的机制相当复杂，但是科学家已经证明了一对分束器可以使粒子纠缠在一起的原理，从光子到气体云在内的所有东西都可以有效地发生纠缠。

一条来自未来的信息

科学上，不仅产生纠缠光子的方法在发展，量子纠缠的应用也是如此。20世纪90年代和21世纪初期，出现了三种纠缠的主要应用。但在研究这些之前，有必要考虑一下纠缠最明显的可能用途。大多数人第一次听到这种奇怪的联系时，认为这终于是一种信息发送比光还快的方式了。毕竟，两个纠缠的粒子可以瞬间交流。正如我们所看到的，信息传递比光还快的想法非常可怕，因为这样信息会逆时传播，那么整个因果律就危险了。

由于在相对论框架下，光速恒定，那么这种即时通信就可以逆时传播。没有相对位置的移动且同时发生的两个事件，如果相对位置有移动情况就会有变化。一个事件在时间上先于另一个事件发生，当它们的相对运动速度达到光速时，事件发生的顺序就会发生变化，结果先于原因到来。想象一下，我们有一艘离开地球20年的宇宙飞船，以接近光速的速度飞行，飞船上的旅行者看到时间只过去了10年。因此，从地球发送到飞船的即时信息将比它发送的时间提前10年到达。但这种时间相对的效果是对称的。从飞船的角度看，地球上的时间过得很慢。因此，从飞船的时钟上看，10年过去了，而地球上只过去了5年。这条即时信息在15年前就会传回地球。

如果真的可以发送时间信号，你可能会想为什么我们没有收到来自未来的信息。那是因为这种信息时间机器有一个不可避免的局限性。我们想象一个探测器花了20年才到达某个距离后，15年前在那里发回一条信息。即使探测器的飞行速度尽可能地接近光速，在探测器发射之前，信息也永远无法返回地球。在产生即时信息的技术投入使用之前，我们无法将信息发回，而这种技术还没有出现。

令人欣慰的是，或许量子纠缠永远也不可能帮我们建造这样一个信息时间机器。虽然纠缠粒子之间的联系是即时的，但我们无法控制这种交流的结果是什么。例如，如果我们测量一个光子的偏振，它可以“上”或“下”，另一个与之纠缠的光子会立即呈现相反的态。但是我们不知道第一个光子的态，没有办法迫使它呈现“上”或“下”的态，所以纠缠不能用来发送任何信息。

另一种可能发送逆时消息的方式是利用一长排纠缠光子对。当你检查一个光子时，纠缠就会坍缩。你所要做的就是检查接收者的光子，看看哪些光子仍然处于纠缠状态，为此，你应该有即时通信。然而，检验纠缠的唯一方法是让两个光子重新回到一起，而这不能比光速更快。你必须等光子以光速从发送者发送到接收者，你才能知道这两个粒子是否仍然纠缠在一起。无论你用什么方法绕过障碍，都不可能使用纠缠来发送比光还快的消息。

纠缠的奥秘

仅因为我们不能利用纠缠实现比光速更快的交流，就否决纠缠在信息传输中扮演的重要角色是不公道的。事实证明，利用纠缠加密的效果非常好。从维也纳市政厅向奥地利银行当地分行发送安全支付已经用了量子纠缠的设备，而新加坡也在计划建立一个全国范围的量子纠缠网络来进行安全通信。纠缠之所以如此吸引人，是因为它可以生成不可破解的密码，很有实用性。（纯粹主义者会指出，实际上使用纠缠的方法加密文件，其中包含替换单个字母，而不是密码。在加密文件中，特殊的单词代表你指定的任何意思，但使用“密码”一词似乎更自然。）

读过丹·布朗（Dan Brown）的惊悚小说《数字堡垒》的人可能会惊讶地发现，自1918年以来，就有了难以破解的密码。布朗这本书的情节设定是基于一个令人震惊的发现：有人发明了牢不可破的加密技术，而书中的密码专家郑重宣布这是不可能的。在没有人把这个故事告诉美国电话电报公司的工程师吉尔伯特·桑福德·维尔纳姆（Gilbert Sanford Vernam）的情况下，他提出通过将文本中的每个字母组合在一起，用另一种不同的值，即所谓的密钥加密来保证信息的安全。然后，接收方减去相同的密钥来读取消息。在此基础上，美国通信兵团的约瑟夫·莫博涅（Joseph Mauborgne）上尉提出了一个改进版，即这个密钥应该是一串随机的字符，于是一种完全不可破解的机制——曾被称为一次性密码——诞生了。

这种类型的代码是不可能被破解的，因为加密的消息本身就是一组随机字符。这里没有模式，破解者无法利用任何东西来破解。获取信息的唯一途径就是你得有密钥。然而奇怪的是，尽管这项技术在1918年就出现了，却很少被使用。例如，在第二次世界大战期间，德国人使用恩尼格玛密码机生成密码，尽管人们认为破解它极其困难，但布莱切利园（又称X电台，二战期间曾是英国政府进行密码解读的主要地方）的破译人员仍然将其破解了。同样，计算机使用的加密也是可以被破解的，例如，你在网页上输入的信用卡密码是可以被破解的。诚然，当时破译这些密码相当困难（至少对今天的技术而言），但它们仍是可以被破解的。只有一种方法可以让机密信息完全无法破译。

一次性密码不经常使用的原因是发送方和接收方都要有密钥，信息才能传输。双方都需要一份用于加密信息的随机字符列表的副本。把密钥安全地从一个地方拿到另一个地方很麻烦（更不用说要防止在起点和终点被偷窥），因此一次性密码所花的代价常常比较高。

现在让我们回到量子纠缠上。想象一下，一个发射器发射出两束纠缠的光子。每一对光子其中一半给想要发送秘密信息的人，另一半给接收者。密钥（即信息的随机集合）是由纠缠对自动生成的。例如，如果加密设备测量偏振，那么测量一个又一个光子的“上”和“下”序列是真正随机的，不像计算机产生的所谓随机数没有达到完全随机，这里光子的偏振序列绝对是随机的。更妙的是，在光子被检测之前，密钥并不存在，所以不可能事先泄露出去。尤其是，如果有人试图截获密钥，观察光子窃取信息的行为就会破坏纠缠。如果交流的两端检查持续的纠缠来交换稳定的信息流，那么只要有人截取了他们的光子，在秘密信息丢失之前，他们就会立即收到警报。

光的比特和字节

量子纠缠技术的第二种应用——量子计算——更引人注目，但应用规模非常小。量子计算机最终建成时，将使用量子粒子（比如光子）而不是硅芯片上的比特来进行计算。原则上，一个量子比特（又称量子位）可以处理非常长的数字。一个普通的比特只能处理0或1，而量子比特则有量子属性（如自旋或偏振）。光子可以绕着它的轴向任何方向偏振。如果要用一个数来精确表示光子偏振，那将是一个非常大的十进制数。很明显，这样的量子计算机应该能够做一些惊人的事情。但是量子计算机有一个很大的障碍。

尽管信息储存在一个个量子比特中，但要从中获取信息是非常困难的。如果测量偏振，你只能得到两个值中的一个，要么平行于测量的方向，要么跟测量方向成90度。而得到平行或垂直的概率就是我们认为的偏振方向——这是一个无限大的十进制数。但我们无法测量它，只能确定是平行或垂直。这有点像在黑白电视上看台球比赛。现实世界的台球厅包含所有的信息，但电视屏幕不能显示所有的信息，你只能看到一些难以分辨的灰球。世界上许多研究量子计算机的团队都认为，量子计算机中信息流动的唯一方法是使用纠缠。没有纠缠，量子计算机根本无法研制成功。

如果能完整地造出一台量子计算机，那么它一定是能做一些事情的，因为科学家已经编写了一些能在量子计算机上运行的程序，这也许很让人惊讶。仅仅几个这样的例子就能显示出量子计算机比普通计算机能做的多得多。

在量子大海中捞针

第一个量子计算的辉煌案例是“大海捞针的量子版本”（描述这种方法的原始论文标题为“量子力学有助于大海捞针”）。该算法（在这个案例中，这是一套只能在量子计算机上使用的数学规则）由贝尔实验室的洛夫·格罗弗（Lov Grover）设计，它提供了一种极大加快非结构化搜索速度的方法。任何用过电话簿的人都知道，如果你知道某人的名字，很容易就能找到他的电话号码。这是一个结构化的搜索，因为电话簿是按照名字的字母顺序排列的。但是如果要找出一个特定的电话号码属于谁，那么这就比较难了。假设你的电话簿里有100万个联系人。你可能需要查看999 999次才能查清电话号码属于谁。平均来说，你需要浏览50万个电话号码才能确定要找的联系人。

使用洛夫・格罗弗的量子算法，你只需要查看总条目数量的平方根次（对上面的例子来说是1000次）就可以找到你想要的结果了。日益互联的世界要求我们要能处理复杂信息，因此这种惊人的搜索速度将变得越来越重要。总有一天，传统计算机搜索非结构化数据的时间会相当长，因而搜索速度会相当慢。但量子计算机可以在预期时间的平方根内完成。还有一个例子是复杂的路线问题，路线规划软件得出“最佳”路线一般用的是近似方法，而量子计算可以很容易地处理超出谷歌地图或GPS软件能力的精确计算。对于一个复杂的问题，即使传统计算机不可能在宇宙的生命周期内找到绝对的解决方案，但是量子计算机却能够不费吹灰之力找出答案。

量子密码破译者

另一个量子计算应用已经有了算法，正等待硬件来运行它，这让计算机安全专家们感到不寒而栗。它有将一个巨大的数分解成两个质数相乘的能力。我们可以想象，当数字足够大时，传统计算机就无能为力了。但是已经有可以解决这个问题的量子算法了，只要有一台量子计算机来运行它就好了。我们为什么要关心这些呢?

因为每台电脑上使用的加密技术依赖于把大量的数分解成一系列质数对的难度，例如，当你在网络浏览器中输入信用卡号码时会看到一个小挂锁，它会告诉你，你是安全的。如果你能算出所涉及的质数，你就能破解密码了，那么大多数当前的计算机安全措施都会失效。

处理质数的能力并不是量子计算的唯一应用，但它显示了量子计算机惊世骇俗的潜力。如果量子计算机能够被制造出来，那么它将会解决整个IT行业都认为无法解决的问题。

克隆光

虽然量子计算威力巨大，但它仍然不是纠缠最惊人的应用。最惊人的应用可能是纠缠光子之间的特殊通信，它能够绕过量子科学的一个基本规则——“不可克隆”定理。这听起来像是从数学上否定了多莉羊和其他克隆实验，但是生物克隆和量子克隆之间有很大（也可以说非常小）的区别。

生物克隆是一个动物的DNA组合和另一个动物完全相同。两个动物都是从相同的初始细胞开始，在基因上没有什么区别。但从量子的角度来看，细胞仍然很大，它们之间有很大的差异空间，而且随着时间的推移，在基因的微小随机修改和环境的影响下，克隆体并不完全相同。关于这点，你可以很容易得到验证，因为世界上有相当多的克隆人存在。他们不是那些奇怪的教派和医生声称培育出来的可疑克隆体，而是完全自然的克隆——同卵双胞胎。熟悉同卵双胞胎的人都会告诉你他们是很容易区分的，特别是当他们成年后，在外观和个性上都会有差异，并非完全相同。

当科学家说你不能克隆如光子或原子的量子粒子时，他们并不是说类似生物学上的近似复制。他们说的是你无法把粒子的所有属性（例如它们的自旋）设置为完全相同的值，来产生一个完全相同的副本。只要检查粒子的自旋，它就会发生变化；不可克隆定理进一步证明了不可能获得一个粒子的完全相同副本。然而，有了量子纠缠，物理学家就可以做这件最有意思的事了。

精确复制粒子也许不可行，但应用一些神奇的克隆过程后，你会有两个完全相同的粒子。你用一个粒子和纠缠对中的一个粒子相互作用，然后相互作用后的信息会引起纠缠对中第二个粒子的变化，这样纠缠对中的第二个粒子就有可能像相互作用前的原初粒子。在这个过程中，原初粒子被损毁了，它不再具有开始时的属性。我们目前还没弄清楚这些物理过程的本质。但是我们知道，纠缠把原初粒子的特性转移到纠缠对的第二个粒子上。这一过程称为量子隐形传态，已经被用于原型量子计算机，并且可能有更显著的用途，这将在下一章中探讨。

有了纠缠，光的利用显然就有了新的方法。虽然目前纠缠主要处于实验阶段，但也已经有了零星的实际应用。而这仅仅是光革命的开始。

第11章

老虎！老虎！

没有任何一门科学像它这样甜蜜和实用。

——罗杰·培根

20世纪的反传统者撕碎了一个又一个被精心创立的光的经典构想。首先消失的是以太。然后，杨的“纯种”光波被“杂种”光波所取代，“杂种”光波理论认为光不单纯是波或粒子，而是同时存在波和粒子的特性。量子电动力学认为光根本不需要用波来解释。随着费曼的理论改变了我们对光的生命周期的理解，光技术开始改变我们的生活。

即使量子理论的唯一作用就是解释光的本质，它仍然是革命性的。事实证明，光不仅仅是生命的能量来源，它还让舞动着光子的网填满了所有的物质。现在，光已成为举世瞩目的科技产品背后的驱动力。量子光科技是光的新应用的幕后推手，科学家通过量子光科技能够让光的传播慢下来，甚至捕获到光。现在，甚至有可能打破爱因斯坦提出的真空光速极限，这个极限速度一度被认为是无法超越的。有了量子光设备，每天都有奇迹发生。

非凡的激光

量子光学的奇迹首推激光。激光已经家喻户晓，几乎每家都可以见到。CD、DVD播放机，录音机和打印机中都有激光。我们的街道和海洋之下也活跃着激光，只是我们看不见它们的存在，它们通过光学纤维纤细的丝线输送信息。现在，激光的威力才刚刚开始显现。很快，它们就能以一种比量子计算机更实际的方式改变计算机的核心，使之适用于日常产品，而最终量子计算机有可能成为一个敏感的实验室怪兽。

计算机的速度受限于电线网络和电路板中的电子的移动速度。有了激光，自由空间光系统就可以取代电线网络。传送信息不再需要电线，可以通过激光传送。在这种情况下，信息不仅能以光速传播，而且还有更多好处。由于电线和电脑零件占据着空间，计算机必定要有特定的尺寸。自由空间光系统可以在空间中相互交叉，光子之间没有干涉。（也就是说，当你读这篇文章时，在你眼前有房间的可见光、收音机信号、电视信号、手机信号和其他信号，它们交织在一起，相互碰撞，混乱不堪，而激光通信不会产生混乱。）计算机内部通过光来处理信息，可以大大减小电子设备所占的空间。

信息技术还有一个更重要的变革，它有可能改变出版、互联网和各项以信息为基础的业务。这里涉及全息图，通常我们只是将其看作巧妙的立体图片，或者贴在容易复制的物品上的闪闪发光、色彩斑斓的防伪贴纸，但这只是全息技术的冰山一角，让我们再往前走几年。

在一张古色古香的书桌的皮革上面有六颗长方形水晶。它们很小，基本可以放在手掌里。水晶的顶部表面嵌入了一个金色的电脑芯片，当它捕捉到光线时，芯片会闪烁片刻。其下，光滑的表面内刻着旋涡和波纹，就像一个烟雾缭绕的玻璃。坐在桌子旁的女士拿起了其中一颗，她把它举起来，往里看。它看起来就像一个微型的银河系，闪烁着光点，就好像有100万颗小星星被捕捉在里面。这似乎是一个孩子的玩具，但如果有一束激光，这些晶体就会摧毁整个信息产业。

晶体加激光比任何秘密武器或工业间谍活动都强大。晶体会冻结光。激光改变了晶体内部的分子晶格，把它从简单的重复图案变成了三维全息图的复杂旋涡。因此在这个狭小的空间可以塞满海量的信息。桌上的那些水晶可以存储所有英文版的印刷书籍的信息。这些将颠覆出版、计算、互联网的晶体，如今正在实验室里进行微调。它们储存信息的能力空前强大。这就像从几十本人工手抄稿到一百万本印刷书籍的转变，或者从单本百科全书到整个互联网的转变。全息晶体冻结光将改变我们渴求信息的世界。

光旋涡

虽然全息晶体中光的冻结只是一种比喻，但目前正在研发另一项技术要让光完全静止。本书第1章就讲述了莱娜·韦斯特高·豪研究慢透光玻璃实验的下一步就是让光静止。这里我们再一次提到了爱因斯坦的第五物质态，也就是独特的玻色–爱因斯坦凝聚态。

豪的实验目的是将光子拉进玻色–爱因斯坦凝聚体涡旋中，他们希望光会被卷入旋转的物质中，就像汽车被卷入龙卷风一样。如果这些寒冷的旋涡旋转得足够快，它们将成为微小的光学黑洞，束缚住光，直至旋涡失去动量才会让光逃逸。斯德哥尔摩皇家理工学院的乌尔夫·莱昂哈特（Ulf Leonhardt）和苏格兰圣安德鲁斯大学的保罗·皮尼基（Paul Piwnicki）认为在实验室可以制造出这种光学黑洞。

之所以可能制成这些光学黑洞，是因为光线穿过凝聚态的速度非常慢。尽管听起来不太可能，但光在其中的运动速度非常慢，以至于完全可以让凝聚态涡旋的旋转速度超过光的运动速度。这不会导致任何时间的扭曲，那是因为，物体的运动速度接近真空中光的极限速度时，爱因斯坦的狭义相对论效应会起作用，而光在物质中的运动速度比较慢。旋转的原子能够将光子拖进旋涡，直到凝聚态的旋转速度减下来光子才能逃逸。

有那么一瞬间，我们也许会认为狭义相对论似乎出了问题。毕竟，狭义相对论认为，光无论相对于什么运动，光速都应该是相同的。但这里发生了两种效应：一是由于凝聚态的旋转运动，光子的电磁成分与凝聚态运动物质的电场相互作用；第二种效应是问题的关键——涡旋拖曳光子的能力不是简单的相对运动问题，而是产生一个比局部光速更快的旋转电场。

这种方法已经初步在实验上取得了一些成功，但还有待全面探索。与此同时，莱娜·豪团队继续深入研究，尽管他们首次将光的传播速度变得很慢，但受到了德国电视团队的意外破坏。量子光实验的奇异性经常吸引媒体的注意，但在现代实验室中，这种现象在视觉上是乏味的，只是一些看起来雷同的黑匣子。德国电视团队认为，他们可以让豪的实验看起来更令人印象深刻，因此他们引进了一个烟雾机，以便看到交错的激光。不幸的是，他们在没有得到允许的情况下就这样做了。结果实验彻底失败了，空气受到了污染，他们必须停止实验，直到空气得以净化。现在他们在实验台周围围上了一个塑料帘子，防止围观者进入干扰实验。

正如我们在第1章中所看到的，在豪的第一次实验中，他们先用一束激光穿过原本不透明的玻色–爱因斯坦凝聚态，形成一个通道，这样第二束激光就能沿着第一束激光的路径通过。但是，如果第一束激光（称为耦合激光）的功率逐渐降低，他们发现第二束激光会陷在凝聚态材料中。其结果是形成物质和光的奇怪组合，称为暗态。只有当耦合激光重新启动时，被捕获的光才会再次出来。

将光学黑洞或暗态研发成一种实用的产品不仅仅需要灵巧的制作技艺，还必须要在量子层面上理解光，研究单个光子（即构成光束的微小能量包）。没有绝对的确定性，一切都是概率，因而量子物理学总是令人费解。回忆一下，爱因斯坦和波多尔斯基以及罗森尝试证明量子理论的荒谬性失败后，引出了纠缠。我们已经见识了这一非凡现象的一些潜在应用，但是，未来量子隐形传态可能会是纠缠的更进一步应用。

传送过去

在未来的实验室里，这一幕很可能会成为媒体关注的焦点，就像科学上有重大突破后引起了媒体的关注一样。想象一下，有一个工作台，周围挤着一群科学家、名人和媒体主持人。在他们面前，有一堆电线和管子，其中心是一个拳头大小的透明盒子。由于拥挤，那些有幸站在前排的人的胃部受到平台的挤压，而其外围的人则努力往前挤，想看得更清楚一点。空气中弥漫着一股微弱的油和电的气味。

墙上的老式时钟嘀嗒嘀嗒在报时，拥挤的人群突然安静下来，好像每个人都忘记了呼吸，安静得每个人都能听到钟的嘀嗒声。透明盒子中，场景开始扭曲，像灼热的沙漠公路上翻腾的空气。然后，在这个封闭的空间中，出现了一个小孩子的玩具。里面出现一块漆成鲜红色的建筑用砖，侧面粘着一张画有熊猫的破旧图纸。这是欢呼前的沉默，几秒钟后，尖叫声传到了和他们连接的北京的屏幕上。刹那间，玩具砖头从世界的一边传送到了另一边。固体物质在空间中进行了一次飞跃，就好像是《星际迷航》中进取号星舰的运输机推动了它们。

上面的场景完全是科幻小说？也许不是。1997年，实验室中首次实现了脆弱的量子隐形传态，传输了单个粒子，量子隐形传态取得了重大进展。2004年，安东·塞林格（Anton Zeilinger）成功地将一个粒子传送越过多瑙河。塞林格是1997年开始研究瞬间移动和纠缠光的首批科学家之一。塞林格还成功地使比光子更大的量子粒子进入叠加状态，用分束器使这些粒子进入纠缠态，这些量子粒子的尺寸可大到与病毒分子相当，尽管我虚构的故事中建筑用砖尺寸的物理对象是不可能进入叠加态的，一个如此大小的对象需要在传送的终点进行剥离、扫描和重建。

原则上，这个过程可以用来传输每一个组成固体的粒子，尽管传送到终点时重建物体的技术还不存在，但这只是一个技术问题，而不是一个理论问题。不过，安东·塞林格不能确定，除了分子之外，还能不能进一步传送更大的物体。正如塞林格自己评论的那样："（可传送物体的大小）理论上没有什么限制。对于足够大的物体——可能是任何有生命的东西——瞬间移动仍然只是一个幻想，但你永远不知道会不会实现！一个实验学家不应该使用'永远不'这个词。我们今天正在做的一些实验，在十年前我是绝对不会相信的。"

有趣的是，由于需要用传统方法发送纠缠的光子和信息，所以这种方法不适用于星际旅行（《星际迷航》在这一点上意外地做对了）。这也使得量子隐形传态不可能实现时间旅行，尽管这种诡异的相互作用的速度确实快于光速，感觉在时间上可以逆行，但整个过程完成，明显是慢于光速的。

理论上瞬间移动是可行的，但物质传送器被制造出来后，会带来一个可怕的伦理问题。虽然量子隐形传态被描述为传送器，但实际上它是个物质复制器，它能够远距离产生一个跟原物质无法区分的副本。在这个过程中，因为粒子间已经建立了诡异的联系，原来的粒子必须被摧毁。要进行这个过程，需要一个勇敢的旅行者，远距离构造一个完全相同的复制品后，完全摧毁自己原来的身体。因此，人类的瞬间移动至少目前很可能只是科幻小说的内容。

最终的壁垒

尽管光的量子驱动技术取得了巨大发展，但这门新科学又引发了一个假设。光速一直被认为是世界上最快的东西。爱因斯坦不仅证实了这一点，而且确立了光速是不可打破的壁垒。超过光速，时间实际会逆行。

基于爱因斯坦的理论，我们可以有把握地说，任何固体都不可能达到光速。无论物体有多小，当它接近光速时，它都会变得越来越重。这时移动物体将需要越来越多的能量，最终宇宙中所有的能量都不足以让它进行更快速的运动。但光本身别无选择，只能传播这么快，然而，在特殊的科技下，光甚至可以超越这个极限。在最近的实验中，光以超过正常光速四倍的速度传播。在这样惊人的速度下，实验者的光脉冲将不能正常沿着时间流逝。相反，它们会像逆流而上的大马哈鱼一样，逆时而行。

如此快速地发送一个简单的闪光是可行的，但如果发送一个携带信息的信号，将会产生可怕的后果。这种情况下时间会逆转，信息会在被发送之前到达。由此引起的后果就是，我们可以预测彩票的结果、防止灾难的发生、打败现在的亿万富翁成为新的亿万富翁。改变过去、打破必然因果律，这些想法如此离奇古怪，所以人们一直认为这是不可能的。然而，费曼证明了，光与时间的关系绝不是我们通常认为的那么简单。量子电动力学只是把时间当作一个维度，逆时传播光子是没有问题的。量子电动力学为打破最后，也是最大的壁垒做好了准备。

小波导

伟大的思想始于意想不到的地方。思想家坐在办公桌前冥思苦想往往想不出点子，当他们散步、坐汽车或在健身房时点子突然就冒出来，毫无征兆而令人惊奇。这就是大脑的运作方式。大脑在集中精力想事情时，遵循的是常规思路。而在漫步和幻想时，更有可能冒出新的想法，把看似不相关的事物联系起来。所以，爱因斯坦躺在草坡上构思出伟大的思想实验也就毫不奇怪了。

德国科隆大学的教授冈特·尼姆茨在斯图加特参加完会议后乘火车返回。窗外景色单调乏味，这次会议也没有让尼姆茨有多少收获，没能激发他的灵感。在车上，他开始通读佛罗伦萨国家电磁波研究中心阿内迪奥·兰法尼（Anedio Ranfagni）博士和他的同事发表的一篇论文。这群意大利科学家的实验是让光通过一个小波导管。就像约翰·丁达尔实验中从水箱中流出来的水一样，波导是通过内部全反射来传输光的管道。实验中，传输可见光谱之外的光（无线电波）的波导一般是矩形的金属管。波导实验本身并没有什么不寻常之处，但意大利科学家的实验结果却有些奇怪。尼姆茨不由得皱起了眉头。

他又读了一遍，然后把它拿给和他同行的博士后阿希姆·恩德斯（Achim Enders，现在是布朗维克大学的教授）阅读。当尼姆茨和恩德斯回到科隆后，他们决定重复这个实验。意大利科学家在文章中声称，从数学角度来看，把光推进这个小管子的效果，就如同在第1章中描述的用特殊的量子态越过固体障碍物一样。尼姆茨想，文章说得有道理，但是光的传播速度似乎比平常的光速要慢得多。光速减缓让尼姆茨起疑。

当尼姆茨教授发现波导里的光束的传播速度减慢时，直觉告诉他这似乎是错误的。但是，就像沙子刺激牡蛎产生珍珠一样，意大利科学家的文章激起了尼姆茨的好奇心。在那之前，他的研究兴趣主要是电磁屏蔽，即研究屏蔽可见光谱以外的电磁辐射的材料。这不仅仅是由于尼姆茨的好奇心，它还有实际运用。事实证明，飞机引擎和其他部件会产生大范围的电磁放电形成野光，而“狂风”战斗轰炸机的电子控制系统极易受到野光干扰。尼姆茨在研究电磁屏蔽的同时，也投入隧穿问题的研究，并做出了一些重大贡献。

当科隆的尼姆茨团队重复意大利人的实验时，他们发现自己的实验结果和意大利人的结果有很大的不同。他们的实验测量设备更好，并且修正了一些实验的基本错误，很明显，通过隧道的光速度没有慢下来，反而更快了。通过小波导的光速度超过了每秒30万千米的正常光速，从而可能挑战爱因斯坦的理论。有时，科学上如果有两个团队的发现不一样时，他们之间会争论，但这个实验比较确定，基本没有争论，不久意大利的团队就承认了他们的错误。

大约在同一时间，加州大学伯克利分校雷蒙德·焦教授领导的一个研究小组也在光通过更传统的壁垒时取得了类似的结果。焦的团队把可见光导入光子晶格，光子晶格是折射率相差较大的材料夹层，它能阻止特定频率的光子通过。一些光子可以隧穿越过障碍物，但它们的速度达到了两倍光速。乔觉得实验结果很合理，因为他的实验中这些速度大于正常光速的光子是随机产生的，所以没有办法发送信号，也就意味着不可能让信息回到过去，从而破坏因果律。然而第二年，冈特·尼姆茨给出了另一个实验，实验结果似乎不同寻常，而后尼姆茨以他特有的非常戏剧性的方式宣传他的实验。

莫扎特《第四十交响曲》

犹他州的雪鸟滑雪场坐落在海拔2400米的小卡顿伍德峡谷之巅。1995年1月，冈特·尼姆茨在这里参加美国光学学会年会的超光速分会。

轮到尼姆茨报告时，他从口袋里拿出随身听，走到报告厅前面，戴上半月形眼镜，低头看了看笔记，然后开始在讲台上走来走去地演讲。他的英语很好，只是遇到外语专有名词时，为了用合适的英语表达，他偶尔会有些犹豫。与同行不同的是，他使用了很少的数学公式，大多是在投影仪上显示图表来说明问题，就像魔术师从帽子里拽出兔子一样。听了长时间的报告后，好多听众都昏昏欲睡了，只有少数一些努力保持清醒，但尼姆茨的话突然引起了他们的注意。

“我们的同行向我们保证，他们的实验不会违反因果律，也不可能向过去发送信息。”他停下来，面向雷蒙德·焦苦笑了一下，焦面无表情。

尼姆茨继续说：“他们很高兴没有任何信号能比光传输得更快，但我想让你们听点东西。”他把他儿子的多功能随身听摆正，让它与他面前的桌子边缘对齐，然后按下播放按钮。

从扬声器里传来一声嘶嘶的声音，接着是一串舞蹈般轻柔而清晰的音符，这是莫扎特《第四十交响曲》的开场。尼姆茨让音乐在房间里微弱地回响了几分钟，直到播放到木管乐器和圆号有力地加强了弦乐的部分。尼姆茨说：“这首莫扎特交响曲以超光速四倍的速度传播。我想你们会接受这是一个信号的事实。这是一个回到过去的信号。”

尼姆茨极富表演的热情演说显然激怒了一些同行，他们因此不太愿意认真考虑他的实验。还有一种可能是尼姆茨在研究物理之前，学习和研究的是工程学，这些同行因此也怀疑他的实验。科学家总是瞧不起思想比较实际的工程师。不同学科之间的竞争可以用一个在数学家和物理学家中流行的笑话来说明。

一位数学家、一位物理学家和一位工程师在确定是否所有的奇数都是质数（只能被1和本身整除）。数学家很快数出：1、3、5、7、9——不，9不是质数，它可以被3整除，所以判定为否。物理学家也同样在算：1、3、5、7、9——嗯，11、13——是的，奇数是质数，9只是一个实验误差（差劲的科学家习惯于忽略不吻合他们需要的数据）。然后轮到工程师：1，呃，呃，3，呃……

尼姆茨也确实喜欢取笑他那些比较刻板的同行。就在他演示莫扎特交响曲前不久，两位德高望重的美国研究人员得出结论：信息的传输速度不可能超过光速。尼姆茨反驳说：“也许对于一个美国人来说，莫扎特《第四十交响曲》中不包含信息。”他后来在BBC的一期关于时间旅行的电视节目中也用这种嘲讽口吻反驳雷蒙德·焦。焦对尼姆茨的批评很隐晦，而其他美国研究人员就没那么亲善了，他们给尼姆茨写了一封信，指责他傲慢自大。著名物理学家弗朗西斯·洛（Francis Low）看到尼姆茨的公开演示时，他的第一反应是什么也不说。在会场走来走去，至少走了一分钟，最后，他评论道：“那不是g小调”。众所周知，洛拥有绝对音感，在实验之外，他很喜欢评论录音的质量。

尼姆茨的实验是利用微波波段的光，把音乐像无线电广播一样传送到空间中。在发射端和接收端之间有壁垒时——首先是意大利的实验中使用的一个小波导管，然后是乔那样的光子晶格——信号都是连续地隧穿了壁垒。虽然尼姆茨播放的莫扎特《第四十交响曲》有点微弱和失真，但显然仍然是这个音乐。科隆小组精密的测量仪器显示，放置壁垒后，信号会更早到达，它从发射器到接收器的速度比光速还快。

越过终点线

尽管尼姆茨演示莫扎特交响曲只是为了挑衅，但它表明，当涉及时间旅行这个敏感话题时，用词精准是很有必要的。事实上，尼姆茨自己也乐于承认，虽然信息的传输速度是光速的四倍，但使用这种技术不可能获得任何时间优势。要理解这个明显的悖论，你必须仔细琢磨光和信号的本质。

光存在的一个问题是，它没有一个单一的速度，因此许多物理学家怀疑信息是否真的能超光速。想象一个光脉冲，一束非常短的光。你可以说光的速度就是光束中最强烈的点向前移动的速度。或者你可以说它是光束中一个实际光波的速度。在大多数情况下，这两种说法是相同的，但也有不同的时候。两种情况有差别时，光束在移动过程中形状会扭曲，这样它看起来就比实际运行的速度要快。

想象两名选手参加跑步比赛。规定谁的手首先越过终点线谁就是胜利者。两个人都在同一时间起跑，然后以同样的速度奔跑，但快到终点时一个人伸出了双手，另一个人没有伸手。尽管他们以相同的速度奔跑，但张开双臂的选手会早一点到达，因此似乎跑得更快。实际是他的形状发生了变化。同样，光脉冲在穿过壁垒时也会变形，从而产生误导观测者的结果。

尼姆茨使用带宽（频率范围）有限的光解决了这个问题。他的实验可以防止光束变形，因此实验结果也不会产生混淆。不过，他也指出，我们需要记住什么是信号，才能理解信号表达的世界。信号的核心是一连串的0和1，就像计算机中的比特一样。通过频率调制的过程，信号随光束发送（无论是发送到你的汽车收音机或总接收站或尼姆茨实验中的接收器）。一开始信号是个平稳的“载波”，然后，增加信息到波中，波的上下运动就会更快一点，信号中就会显示出1。

然而，在波完成一次上下运动之前，我们无法判断发送的是0还是1。为了准时获取信息，波的一整个上下运动需要提前到达接收器，目前还没法实现这一要求。所有的实验都只是使波作一个很小的位移后，稍微提前到达接收器，然后来测量。莫扎特《第四十交响曲》在时间上确实有位移，但也只移动了一个波长的几分之一。

尼姆茨天生有表演技巧，喜欢实际应用，他的这些特点在2000年的一次实验中再次得到体现。这次实验涉及了曾一度困扰牛顿的奇怪现象——受抑全反射。如果两个棱镜面对面地放置，它们之间的空隙填满弱折射的物质，那么以一定角度从第一个棱镜入射的光，一部分被反射，从第一个棱镜的另一边出来，另一部分通过第二个棱镜出来。尼姆茨发现被反射的光和通过量子隧道进入第二个棱镜的光到达其相应的光探测器的时间相同，因此很容易证明光子通过空隙的速度快到无法测量。在实验中，尼姆茨用的是边长为40

厘米的巨大有机玻璃棱镜和微波光，显然，他的实验仪器简单美观，实验结果令人满意。

最引人注目的是，2000年，据说普林斯顿NEC研究所的王立军博士率领的团队把一个光脉冲推到光速的310倍。事实上，王立军的实验的一个更显著的结果是，测量到的光速只有它正常速度的−1/310（注：由于反常色散，相速度超过光速变成负值），那么光出发之前就已到达，比相对论性的逆时传播还快。

王立军的实验采用了一种与众不同的方法，光束通过一根特别的铯原子气体管发生变化。这种方法类似于激光的形成，也就是激发新的光来形成强大光束的方法。王立军的实验能够产生一个进入铯原子气体管之前就已经离开了管子的光脉冲。这个光脉冲的传播速度抓人眼球，但是，人们会误认为它比光信号的传播还快。因为在这个实验中，光脉冲的时间必须相对较宽，所以信号的位移只是之前实验的一小部分。根据尼姆茨的说法，使用这种技术可以产生100倍以上时间后移的效果。

目前，这样的结果只能在实验室中得到。实验的效果是微调时间，而不会对宇宙的基本运行产生任何影响。但情况会一直如此吗？尼姆茨教授不确定。就像安东·塞林格一样，尼姆茨也说过“我从来不说‘从不’”。

冈特·尼姆茨发出一个莫扎特《第四十交响曲》的信号，信号的信息量不亚于肯尼迪的柏林演讲或航天飞机的蓝图，而且它传播得比光还快。比光更快的通信的未来是不确定的，但这种尝试肯定是迷人的。

释放的老虎

研究光也就是研究万物的基本组成。光是物质的核心。它给我们地球带来视觉、温暖、食物和能量。它永恒地穿越宇宙，不断地被产生和湮灭。短暂而强大的光现象一直都让人着迷。随着我们跨入21世纪，光已经不仅仅是令人着迷和感到惊奇的东西了，它推动着改变我们生活的技术不断出现，甚至引导我们质疑现实的本质。

毫无疑问，光将对未来产生根本性的影响。光的革命才刚刚开始。在革命的道路上，祝你旅途愉快。

历史文献选读

在接下来的几页中，我们有机会读一读那些改变了我们对光的理解的关键作品。它们不是理解本书的必要附件，但通过它们我们可以感受过去的科学与今天的异同。这里所列的论著只是一些片段，必然是不完整的，只是让我们品味光的科学的根源。

论颜色和光

艾萨克·牛顿

在一封给皇家学会秘书亨利·奥尔登伯格的信中，牛顿描述了他的光学实验发现。

剑桥三一学院

先生，

为了履行我以前对你的承诺，我不客气地告诉你，在1666年初（当时我致力于研磨球形以外其他形状的光学眼镜），我买了一个三角形的玻璃棱镜来做著名的颜色实验。首先我关闭房间，让房间变暗，然后我在窗户上开了一个小洞，让太阳光照进来，我把棱镜放在光线入口处，这样光线就可以折射到对面的墙上。一开始，我看到墙上有显眼的颜色，感到非常高兴；但过了一会儿，我留心考虑了一下，惊讶地看到颜色斑是椭圆形；而根据公认的折射定律，我认为它应该是圆的。

颜色斑的两边都有一条细细的线条，但在末端，光逐渐衰减，很难准确地确定它们的形状；只是隐约是椭圆形。

我把这彩色光谱的长度和宽度比较了一下，发现长度大约是宽度的五倍；长宽差别太大了，因此我很好奇，想要探究一下背后的原因。我不知道，不同的玻璃厚度和阴影的末端对光线会产生什么影响，然后产生这种效果；但我认为很有必要做实验来探究这些影响，所以我尝试让光通过不同厚度的玻璃，看结果如何，窗户上小洞的尺寸大小又会产生什么影响，抑或在小洞之外放棱镜，让光线在到达小洞前先通过棱镜发生折射又会发生什么。我没有发现它们之间有实质性的不同。在所有情况下，墙面上光的颜色样式都是一样的。

于是我怀疑，是否由于玻璃的不均匀或其他偶然的不规则性，扩大了这些颜色斑。为了验证这一点，我又取了一个一样的棱镜放在屋子中，这样光穿过两个棱镜时就会发生相反的折射，第二次折射后光就会回到最初的方向上，纠正第一个棱镜产生的偏折。我认为，用这种方法，第二个棱镜会破坏第一个棱镜的常规折射效果，但不规则地方会因多重折射而增强。实验过程是这样的：光线通过第一个棱镜扩散成一个椭圆形，在第二个棱镜的作用下又变成了一个圆形，就像穿过棱镜前一样。所以，造成这种长宽差别的原因，并不是偶然的不规则现象。

然后，我开始深入研究，考虑这是否是太阳不同部分发出的光线入射角度不同所带来的影响，最后，我测量了一些线条和角度的数据。光斑与小洞或棱镜的距离是22英尺（约6.7米），最大长度是$13\frac{1}{4}$英寸（约33.66厘米），宽度为$2\frac{5}{8}$英寸（约6.67厘米），小洞的直径为1/4英寸（约0.64厘米），光线折射后与入射方向偏离角度为44度56分。棱镜的对顶角是63度12分。同时，我尽量让入射光和另一侧射出的角度接近，这时入射角大约是54度4分，光线垂直地照在墙上。现在将光斑的长度和宽度减去小洞的直径，于是这些光线通过小洞中心形成的光斑的长度还剩13英寸（约33.02厘米），宽度还剩$2\frac{3}{8}$英寸（约6.03厘米），光斑的宽度对应的夹角大约为31分，与太阳直径相对应，但光斑的长所对应的夹角却超过了宽度的五倍，也就是2度49分。

得到这些观测结果后，我首先计算出了玻璃的折射率，发现它是入射角和折射角正弦的比率，即20比31。得到这个比率后，我计算从日面两端射出的光线的折射，它们的入射角相差31分时，我发现它们出射光线形成的角度为31分，和入射光线所成的角度一样。

但是因为这个计算是建立在假设入射角和折射角的正弦成比例的基础上，基于我自己和别人的经验，我不能想象有31分的误差，实际上是2度49分。可是在好奇心的驱使下，我又拿起了我的棱镜，把它放在窗户边。我观察到，沿着棱镜的轴线来回移动棱镜，改变光线的入射角4度或5度，然而投射到墙上光的颜色并没有随之改变，光线入射角的变化并没有使折射明显改变。因此，通过这个实验和前面的计算，很明显可以看出，太阳的不同部分发出的光线入射交叉后射出角度并没有明显变大，只有大概31分、32分的变化，但还有些别的原因，使变化角度可能达2度49分。

于是我开始怀疑，光线穿过棱镜后，是否没有偏折，抑或是到墙各个部分的弯曲程度不同。此时，我想起经常看到斜击网球时，网球会沿着曲线运动，于是我更加怀疑了。因为螺旋运动会形成条纹轨迹，叠加的运动对空气的挤压程度更强，空气的反作用就更大。同样，如果光线是由小球组成的，它们倾斜地从一个介质进入另一个介质时有螺旋运动，它们应该就会感到周围以太的抵抗力更强，从这个意义上来说，运动叠加的位置就有反向弯曲。不过，尽管我有这个怀疑的理由，但当我仔细观察时，却发现光线并没有如此弯曲。此外（之前的理由对我来说已经足够了），我观察到，光斑的长度和透光小洞的直径之间的差异，与它们的距离成比例。

渐渐地，长度变化的疑点终于消失后，我开始做判决实验：我拿了两块木板，各打了一个小孔，把其中一块靠近窗户上棱镜所在的位置，把另一块放在离第一块木板大约12英尺（约3.7米）远的地方，光线可以依次通过两个小孔。然后，我又在第二块木板后面放了一个棱镜，光线在这里再次发生折射后到达墙上。我把窗户上的棱镜拿在手中，沿着它的轴来回移动，相应地，投射到第二块木板以及继续投射的光线也会发生相应的变化，这样就可以在墙上观测到第二个棱镜的折射发生了什么变化，经第一个棱镜折射的光，在第二个棱镜上发生相反方向的更大折射。因此，我们可以得知，造成图像长度变化的真正原因是——光是由不同折射度的光线组成的，它们与入射的角度差异无关，由于折射度的不同，它们投射到墙面的位置不同。

当我明白这一点时，我就不再谈前面提到的玻璃设备了，因为我已经看到，迄今为止，望远镜的能力是有限的，这并不是因为缺乏光学设计者研磨出的好镜片（迄今为止所有人都在提高研磨技术），而是因为光本身就是不同折射光线的混合物。因此，如果一个镜片足够精密，可以把任何一种光线都集中到一个点上，但它不能把所有的光线都集中到同一个点上，因为不同光线以相同的入射角通过同一介质后，产生的折射不同。现在，我知道，由于不同光的折射度差别如此之大，目前望远镜应该已经达到极限了。这是因为，我测量棱镜的折射时发现，假设入射到棱镜其中一个平面上的光的正弦值为0.44，那么通过棱镜到达空气中的红光最大折射的正弦值为0.68，而另一端颜色的光线的最大折射正弦值为0.89，所以整个折射的差别大约是0.24或0.25。任何望远镜的物镜都不能把来自物体某一点的所有光线集中，汇聚在焦点处直径小于镜片直径的1/50的圆形区域内。而且，通过小物镜和长筒望远镜所成的是不规则形状的像，所成像的大小大约是物镜的几百倍大，也就是说均匀的光会形成不规则的图像。

看到折射的这些现象后，我想到了反射，然后发现反射成像是规则的，因为各种光线的反射角都与入射角相等。所以我想，反射的光学仪器可以完美成像，只要找到合适的反光材料，把它抛光得像镜片一样精细，让反射的光也和透镜一样多，通过抛物面汇聚光。但是，要达到这种效果似乎非常困难。当进一步考虑时，我几乎认为困难是不可克服的，因为在反射的表面上，每一点不规则都会使光线偏离其应有的轨道，偏离程度是同样的折射表面的5到6倍。因此，研磨反射镜片需要比研磨折射镜片更具耐心和好奇心。

由于瘟疫的蔓延，我带着这些想法被迫离开剑桥，过了两年多，我才继续思索这些问题。后来，我想到了一种抛光金属反光材料的方法，正如我所想象的那样，成像质量得到改善。我开始尝试用这种方法观测，并逐步完善了设备（设备的主体和我送往伦敦的设备相似），利用它我可以辨别出木星的四颗卫星，并分别在不同时间把它们展示给我的两个熟人。我也能分辨出金星的月相，但看得不是很清楚，仪器还有改善的空间。

从那以后，我对反射镜的研究被打断了，直到去年秋天，我又做了另一个反射镜。因为这个反射镜的观测效果比第一次的好得多（尤其是观测白天的天体），所以我不怀疑，改进它们后可以达到更好的效果，正如有人通知我，他们也正在改善伦敦的反射镜。

有时我想做一个显微镜，用同样的方法，只不过用一块金属来代替物镜。我希望制显微镜的人也能考虑到这一点，因为这些仪器似乎和望远镜一样可以改进，也许还可以改进得更多，因为它们只需要一块金属的反光片……

回到原来的话题，我告诉过你们，光不是相似的，也不是均匀的，而是由不同的光线组成的，其中一些光线比其他光线更容易折射。因此，入射到同一介质的光中，有些光线会比其他光线折射得更强烈，这并不是由于玻璃或其他外部原因，而是每一条特殊的光线形成特殊角度的折射。

现在，我将继续向你们介绍不同光线的另一个更显著的差异，即颜色叠加的本质。一个自然主义者会期望看到这些科学内容能用数学表达，这里我敢肯定，它们和光学的其他方面一样，确实是可以用数学表达的。因为我所说的不是一个假设，而是最严格的结果：它不是仅仅通过推断就可以得出的，也不是因为它满足了所有的现象（哲学家们的普遍看法），它是直接通过实验得出的结论，没有任何可怀疑的地方。我继续对这些实验进行历史性的叙述，避免论述过于乏味和混乱，我先把原理说出来，然后再给你展示一两个实验作为典型的例子。

接下来你会发现以下命题已经阐明了这一原理。

1. 由于光线的折射度不同，因此它们呈现特定颜色的倾向也不同。人们普遍认为，光对颜色没有限定，颜色来源于自然物体的折射或反射，但是光的本质属性中，不同的光线颜色是不同的。有些光线倾向于呈红色，有些倾向于黄色，有些倾向于绿色，还有其他光线倾向于其他颜色。没有哪个光线的颜色更为显著，所有颜色之间都是渐变的。

2. 同种颜色的光具有相同的折射度。折射最小的光线都倾向于呈红色，相反，折射最大的光线都倾向于呈深紫色。所以在中间一系列连续颜色的光具有相应的折射度。类比光的两种颜色和折射度是非常精确和严格的，不同光线的颜色和折射度要么都完全一致，要么成比例。

3. 特定光线的颜色和折射度，都不会因折射、自然物体的反射或所能观察到的任何其他原因而改变。当一种光线与其他光线很好地分开时，它就会一直保持它的颜色，尽管我尽力去改变它，它也不会变化。我用棱镜折射它，用白天时其他颜色的物体反射它，用空气的彩色薄膜夹住两块压缩的玻璃板来截取它，让它通过有色的介质传播，用其他种类的光线通过这些介质照射它，各种方法不同程度地改变它，都不能让它产生任何新的颜色。它会因收缩或膨胀而变得更加明亮或暗淡；有时由于失去了光线，变得非常模糊和暗淡，但我从未见过它有本质的变化。

4. 然而，在不同光线混合的地方，似乎也能产生颜色的变化。因为在这样的混合中，各成分的颜色相互抵消，从而构成了混合色，不再保有原先的颜色。因此，如果由于折射或上述提到的其他原因，就会分离出与混合颜色不同的光线。这些颜色不是新产生的，而是从混合颜色中分离而来，如果它们再次完全相同地混合在一起，就会呈现分离前的那种颜色。出于同样的原因，由各种颜色混合所造成的颜色改变是不真实的，因为当不同颜色的光线再次分离时，它们就会呈现出混合之前完全相同的颜色。如你所见，蓝色和黄色的精细粉末混合时，肉眼看起来是绿色的，然而构成它的小颗粒的颜色并没有因此而真正改变，而只是混合后颜色看上去有变化。这是因为，当用良好的显微镜观察时，它们仍然分别呈现出蓝色和黄色。

5. 因此自然界有两类颜色。一类是原始而简单的，另一类是这些原色的混合。原色（或叫主要的颜色）有红、黄、绿、蓝、紫、橙、靛以及它们之间的各种颜色。

6. 原色混合也可以产生新的原色，例如：黄色和蓝色的混合会产生绿色，红色和黄色混合产生橙色，橙色和黄绿色混合形成黄色。一般来说，任何两种由棱镜产生的系列颜色混合，如果它们分隔的距离不太远，它们就会混合成它们中间的颜色。但是那些相隔很远的颜色，混合之后就不是这样了。橙色和靛色混合不会产生它们中间的绿色，鲜红色和绿色混合也不会产生它们中间的黄色。

7. 然而最令人惊讶和称赞的混合色是白色。没有一类光线能单独表现出白色。上述原色按一定比例混合才能形成白色。我常常感到惊奇，棱镜产生的所有颜色汇聚在一起后，重新混合而成的光线，就像它们在入射到棱镜上之前的光线一样，它完全是白色的，与太阳的直射光没有任何明显的区别，除非我用的镜片没有足够好或混合得不够好，会有部分光线保留自己的颜色。

8. 因此，白色是光的常见颜色，也就是说光是各种颜色的光线的混合体，因为这些光线是从发光体的各个部分杂乱无章地射出的。如我所说，这种混乱光线的混合，如果它们比例适当，就会产生白光。但是，如果其中一种光线成分占主导，那么混合光就必然倾向于那种颜色，就像硫黄燃烧发出蓝色火焰、蜡烛发出黄色火焰和固定的星星发出各种颜色的光一样。

9. 考虑了这些因素后，就很好理解棱镜产生颜色的方式了。入射的光线由于颜色不同而折射度不同，光线经过不均匀的折射后——从折射最小的红色到折射最大的紫色——分散成一个椭圆形。由于同样的原因，当我们通过棱镜观察时，物体是彩色的。原因是，不同的光线，由于折射不同，会射向视网膜的不同部分，并在视网膜上形成物体的彩像，就像之前太阳的图像投射到墙上的情形，由于折射不同，图像不仅有颜色，而且不规则还非常模糊。

10. 由此也可以解释雨滴中彩虹的颜色。因为那些在我们眼里呈紫色的水滴对其他颜色的光折射小得多，这些光可以直接从水滴中通过，这些水滴位于主虹内部和第二虹外部。而我们眼睛看到的大量折射后呈现红色的水滴，对其他种类的光线的折射更大，这些光线就从水滴两侧出射，这些水滴位于主虹外部和第二虹内部。

11. 对于浸泡的紫檀木、金叶子、彩色玻璃碎片和其他一些透明的物体，某些位置呈现出某一颜色，而另外的位置呈现的是另一种颜色的奇怪现象如今已不再成迷。因为，这些物质容易反射某些颜色的光而透射另一种颜色的光，就像在黑暗的房间里，用类似的单色光照亮它们呈现出的颜色一样。它们被照亮时呈现出的颜色在某一位置比在其他地方更鲜艳和明亮。因此入射光照到它们后，部分被反射，部分被透射。

12. 由此也可以看出，胡克先生用显微镜做了个出乎意料的实验。实验中他用到两个楔形透明容器，一个装满了红色液体，另一个装满了蓝色液体：虽然它们各自都足够透明，但是混在一起则不透明了。原因是，其中一个只透射红色光，而另一个只透射蓝色光，而没有光可以两个容器都通过。

13. 我可以给出更多光具有这种性质的例子，但我要用这个一般性的例子来总结，所有自然物体的颜色都来源于此，没有别的来源，即它们反射某种光的量比其他种类的光要多，就会呈现出某种颜色。我在一个黑暗的房间里做了实验，用不同颜色的非混合光照亮物体。那么物体可以呈现任何颜色。它们没有固定的颜色，呈现的是投射到它们身上的光的颜色，但这与它们在自然光的照射下呈现的鲜艳而自然的颜色还是有区别的。铅丹（一种红丹颜料）反射各种颜色的光都一样，只不过自然光下红色更显眼；铜光蓝（一种浅蓝色的铜基颜料）也一样，反射各种颜色的光都一样，只不过自然光下蓝色最清楚。因此，尽管铅丹能反射任何颜色的光线，但它反射最多的是红色光；也就是说，在自然光照射下，各种光线混杂在一起时，反射光中红光最为丰富，因而使物体呈现出红色。同样的原因，铜光蓝的反射光中蓝光最丰富，反射光中蓝光超过其他颜色的光而使物体呈蓝色，其他物体也与铅丹和铜光蓝类似。显然，这就是物体颜色的内在原因，并可以得到合理的解释，因为它们不能改变入射光的颜色，而是对各种颜色同等对待。

既然如此，黑暗中是否有颜色，我们所看到的物体是否具有颜色，以及光是否为一物体，也就没有争议了。因为，既然颜色是光的性质，光线是它的内在和直接的主体，我们怎么能把光线也认为是光的性质？除非一种性质可以成为另一种性质的主体并维持它。实际上，我们称它为实质。如果不是因为实体的性质，如果不是因为这些实体的本质是由于别的东西而被发现的，我们就不可能知道它们是什么实体，我们同样有充分的理由相信其他东西也是实体。

此外，像光的性质，物质的某一性质可以由其他性质混合而成。但是，要更确切地知道光是什么，光以什么方式折射，光以什么方式或行为在我们心中产生颜色的幻影，就不那么容易了。我不会把猜测和事实混在一起。

回顾一下我所写的东西，我发现这些论述本身就可以引出许多足以检验它的实验。因此，我不想再困扰你们了，只描述我已经提到过的其中一个实验。

在黑暗的房间的窗户上做一个小洞，其直径约1/3英寸（约0.85厘米）可能就合适了，方便有一定量的太阳光透过小洞。在小洞上放一个透明无色的棱镜，可以把光折射到房间里面，正如我所说的，在房间里会成一个椭圆形的彩色图像。然后把一个大约3英尺（约91厘米）半径的透镜（假设一个望远镜的物镜大小为3英尺）放在离小洞口大约4～5英尺（约122～152厘米）的距离处，所有颜色的光通过透镜折射传播，在10～12英尺（约305～366厘米）距离处汇合。如果你在这里用一张白纸挡住这光，你就会看到各种颜色混合在一起又变成白色。但是，确保把棱镜和透镜固定好后，来回移动白纸，你不仅将看到哪个距离处的白光是最完美的，而且还会看到颜色是如何逐渐聚集在一起，消失在白色之中，然后彼此交汇成白色之后，又开始分散，以与混合之前相反的顺序呈现不同的颜色。你还可以看到，如果某一颜色的光在透镜处被拦截，白光将会变成其他颜色。因此，为了混合成完美的白光，就必须小心，要让所有颜色的光都通过透镜。

…………

如果你继续尝试改变任何未经合成的颜色，那是不可能的（我在第3和第13个命题中已经断言了这一点），这样就必须把房间弄得很暗，不能有任何散射光的干扰，使不同颜色的光混合，这与前面的实验设计相反。同样需要的一个条件是，不同颜色的光必须完美分离，要比上面描述的方式分离得更好，可以由单个棱镜折射，然后再做进一步的分离，考虑到已发现的折射定律，这将很困难。但是，如果用没有完全分离的颜色的光进行实验，就必须允许有与混合光成比例的变化。例如，如果黄光混合到铜光蓝颜色的光上，铜光蓝就不会呈现完美的黄色，而是呈现出绿色，因为黄色混合光中有许多光线呈绿色，而绿色比黄色更接近通常的铜光蓝，因此它反射得更充分。

为了证明光谱色不能用其他颜色混合出来，就需要滤除其中一种颜色，这里假设是红色。此时需要遵守一些条件：在滤除红色之前，其他颜色也被明确地分开； 红色附近的颜色，也就是任何可能隐含红色元素的颜色（比如黄色甚至是绿色）也都被滤除；允许一定量的红色从黄色和绿色中出现，因为红色很可能扩散或零散地混合在这些颜色里。满足以上任意一个条件之后，则会发现，无法从剩余的光中产生新的红光或其他被滤除的颜色的光。

我想，把这类实验介绍到这里已经足够了。如果皇家学会的成员对实验感到好奇，也想重现实验，实验成功后能通知我的话，我会很高兴，如果实验有缺陷，或者不符合这个关系，我可能会进一步研究，或者我会承认我犯了的任何错误。

您卑微的仆人

艾萨克 · 牛顿

致德国公主的信

莱昂哈德·欧拉

这是欧拉写给戴安哈尔特·德索公主众多信中的第十八封，这些信是为了回应公主了解科学世界的请求而写的。这封信写于1760年6月10日，信中对牛顿关于光的工作原理的观点提出了质疑。1795年，这些信件被亨利·亨特翻译成英文出版后，立即成为畅销书。

著名的牛顿提出，光线不断从太阳散发出来，无论这一学说显得多么奇怪，但它已被普遍接受，因此对它提出质疑需要很大的勇气。造成这一现象的主要原因，无疑是那位伟大的英国哲学家的崇高声望，他首先发现了天体运动的真正规律，也正是这一发现使他发现了光线散发机制。

为了支持他的理论，笛卡儿必须用一种微妙的物质填充整个宇宙空间，天体可以完全自由地在这种物质中穿梭。但是，众所周知，如果一个物体在空气中运动，它一定会遇到一定的阻力；牛顿由此得出结论：无论宇宙中的物质如何微妙，行星的运动必然会遇到阻力。“但是，”他说，“观察到行星的运动是不受任何阻力的，因此浩瀚的宇宙空间不含物质。”

宇宙中普遍存在着完美的真空。这是牛顿哲学的主要信条之一，即在没有被天体占据的空间中，浩瀚的宇宙不包含任何物质。

这样一来，在太阳和我们之间，或者至少从太阳到地球大气层之间，存在着一个绝对的真空。事实上，我们上升得越高，会发现空气就越少；显然随着上升距离的增加，最后空气会完全消失。如果太阳和地球之间是绝对真空的，那么光线就不可能通过传播的方式到达我们这里，就像钟声通过空气传播一样。这是因为，如果钟和我们的耳朵之间的空气都消失了的话，就算猛烈地敲打钟，我们也什么都听不见。

既然在天体之间存在着一个完美的真空，那么除了光线散发的观点之外，其他观点是不成立的：因此牛顿坚持认为，太阳和所有其他发光天体都会发射光线，而光线总是由质量无限小的粒子组成，在不可思议的力量的作用下急速飞出。光线粒子必须达到特殊条件，从太阳出发，以不可思议的速度穿过日地空间，八分钟后到达地球。

但是，让我们来看看这个理论是否与牛顿的主要学说一致。牛顿的主要学说要求宇宙中有绝对真空，行星在绝对真空中运动就不会遇到任何阻力。你必然能得出这样的结论：天体运行的空间并不是真空，而是必须充满光线，这里面不仅有太阳光，还有其他恒星发出的光，它们每时每刻快速穿梭其中。天体在这些充满光线的空间中穿梭，它们的运动必然受到光的扰动。

因此，牛顿担心类似笛卡儿所设想的那种微妙的物质会扰乱行星的运动，就采取了一种非常奇怪的办法，而且与他自己的意图完全相反，因为根据他的假设，行星一定是在无限紊乱的空间中穿梭。我已经给您发了另外几份对光线散发系统强有力的反对意见；我们现在已经看到，促使牛顿采纳它的主要原因——实际上也是唯一的原因——是他的假设自相矛盾，应该被完全推翻。所有这些考虑结合在一起，我们应该立刻反对这个奇怪的光线散发系统，在这一点上我们没有理由犹豫，不管发明这个系统的权威哲学家是多么令人尊敬。

毫无疑问，牛顿是有史以来最伟大的天才之一。他知识渊博，对自然界最隐秘的奥秘有敏锐洞察，会成为当今和未来每一个时代钦佩的对象。但是，我们也应警醒于这位伟人所犯的错误，因为人类的理解有限，在其达到可能达到的最高境界之后，陷入了明显的自我矛盾之中。

关于光线振动的思考

迈克尔·法拉第

在一次法拉第组织的讲座中，有人认为演讲者惠斯通的离席，才让法拉第作了关于光的即兴演讲。法拉第的一位朋友请求他记录下这件事，这就是法拉第的回信。

致理查德·菲利普斯（Richard Phillips）先生
尊敬的先生，

应您的要求，我将尽力向您转达我在上星期五晚上的讲座结束时冒昧讲过的一个概念，这是我在介绍惠斯通的电磁计时器时附带讲过的。但我始终明白，我当时只是描述了我头脑中思索的模糊猜测，我没有考虑各种情况，还不能让人信服，甚至我也没有给出可能的结论。

我给出概念的目的是为了让听众考虑：是否有可能存在不用振动解释辐射现象的理论，这个理论中连接粒子物质的力线不发生振动；这个概念不需要以太，而另外的观点则认为以太是振动发生的媒介。

您知道，一段时间以来我完全推崇关于物质本质的推测观点，认为物质的基本原子是力的中心，而不是力包围着小物体——抽象地认为物体是独立于力的，没有力也可以存在。在后一种情况下，这些小粒子有一定的形式和有限大小。在前一种情况下就不是这样了，因为粒子的表示范围可以随力线延伸到任意距离。事实上，在这种情况下，只有存在力线才能存在粒子。基于这种观点考虑物质，我逐渐把力线看作是辐射振动现象的可能根源。

我还在考虑把物质和辐射的假设观点结合，把辐射作用和物质的某些功率传输速度相比较。光在空间中的传播速度大约是每秒190 000英里；惠斯通的实验表明，电的传播速度即使没超过这个速度，也和这个速度一样大。因此，我们认为，光通过以太振动传播，可以这么说，以太中没有引力，但弹性无限大。电是通过一根小小的金属线来传输的，因此，我们通常认为，电也是通过振动来传输的。当我们考虑到各种金属和其他物体之间不同的导电性时，就很难怀疑电的传播取决于金属丝中物质的力或功率；金属丝的热或冷会影响它的导电性，导体会变成非导体，反之亦然。举一个实际的例子——碳，同时存在导电态和非导电态。导电能力（传输速度等于光速）似乎与物质的性质有关，而且似乎是物质的内禀属性。

我想我们可以比较以太物质和普通物质（例如，通电的铜线），可以认为它们本质上是相似的，也就是说，根据博斯科维奇（Boscovich）的理论和我提出的猜想，要么它们都是由小核子构成，可以把核子抽象为物质或与这些核子相关的力、能量，要么它们都仅由力的中心构成，因为没有理由认为哪一类物质更需要核子。确实，铜线受引力作用而以太中没有引力，因此铜有重量而以太没有重量，但这不意味着铜线存在的核子比以太多，因为物质受的所有力中，引力的范围最远，相对于核子的大小来说，引力可以作用到无限远，因此核子只是力的中心。地球上最小的物质原子可以直接作用于太阳上最小的物质原子，尽管它们相距95 000 000英里。此外，据我们所知，彗星离太阳超过这个距离的19倍，它们各自的原子也以同样的方式由力线连接在一起。如果在我们和太阳之间只有一个这样的粒子，那么这样的条件下，有什么能比以太更微妙呢？

我们不要被物质的重量和引力所迷惑，仿佛它们证明了抽象核子的存在。其实如果核子存在的话，这也不是由核子显示出来的，而是由施加在核子上的力显示出来的，而且，如果以太粒子没有这个力，根据这种假设，从抽象的意义上说，它们比我们这个地球的物质更有实质性；因为根据假设，物质是由核子和力组成的，以太粒子的核子比例更大，力的比例更小。

另一方面，我们认为以太粒子有无限的弹性，就像重力对于有重量的粒子一样，具有显著的正向作用力，并以它自己的方式产生同样巨大的效果。由此证明，我们有各种各样的辐射力，它们表现在发光、发热和辐射光化等现象上。

也许我的想法有些错误，一般来说，以太的核子几乎无限小，它的力（即弹性）几乎是无限强。但如果这就是正确的概念，那么以太中除了力或力的中心还剩下什么呢？也许许多人会承认，引力和实体不是以太，那么它们是什么呢？当然不是抽象核子的重量或它们的接触方式。核子有两种力，其一是引力，它可以在人能估计或想象的距离上起作用；其二是斥力，它让任何两个核子永远不能接触。因此，对那些认为以太只是由力组成的人来说，有重量的物质也一样，除非它相比于以太，有其他更多的力与之相关。

在实验哲学中，我们可以通过实验呈现的现象识别各种力线，因此我们可以认识重力线、静电感应线和磁力线，也许还包括其他具有动力性质的线。许多人认为电和磁的作用线是通过空间施加的，就像引力线一样。就我个人而言，我倾向于相信：当有中间的物质粒子（它们本身只是力的中心）时，它们将力通过线传递，而当没有力的中心时，力线就会穿过空间。无论采取哪种观点，无论如何我们都能以某种方式影响这些力线，它们具有横向振动的性质。假设两个物体，A和B，彼此距离很远，它们相互作用，力线把它们联结起来，让我们把注意力集中在合力上，合力在空间上具有恒定的方向。如果把其中一个物体向左或向右移动一小点，或者瞬间改变施加在它上面的力（如果A和B是电或磁物质，这两种情况很难实现），这样产生的结果相当于在我们关注的位置形成一个横向扰动，从而产生的结果就是，要么它的力增加而周围的力减小，要么它的力减小而周围的力增加。

也许有人会问，自然界中有哪些力线适合传递这样的作用，给以太提供振动理论？我没有多少信心能回答这个问题；我所能说的是，在空间的任何部分，（通俗地说）无论是空的还是充满物质，除了力和施加在它们上的力线，我没察觉到任何东西。在这方面，重力线或引力线当然是足够广泛的，足以响应各种辐射现象；磁力线也很可能是这样的：谁能忘记莫索提（Mossotti）曾证明过，引力、聚合力、电力和电化学作用可能都有一个共同的表达或起源，那么，在它们的远程作用中，无限范围内它们可能有众所周知的共同过程吗？

因此，我大胆地提出：辐射是力线上的一种振动，而力线上的振动可以将粒子和物质的质量联系在一起。力线努力消除以太，保留振动。我相信振动可以独立解释各种各样奇妙美丽的偏振现象——它们跟发生在水表面的扰动现象不一样，跟声波在气体或液体中传播也不一样，因为这种情况是直接的横向振动，这种振动还会形成作用的中心。在我看来，两条或两条以上力线的合力，在适当的条件下，可以认为等效于横向振动；而在均匀的介质中，比如以太，要么不可以等效，要么比空气或水更符合等效振动。

力线一端发生变化，另一端很容易随之发生变化。因此，光的传播可能是一段时间内所有的辐射作用在传播，而且，力线的振动应该可以解释辐射现象，因此振动需要时间。我不知道是否已经有数据表明（或可以确定）引力传播不需要时间，或者说存在这样的力线，在力线的一端产生我上面所提的横向振动，需要时间传到另一端，或者另一端必须立即就感应到（不需要传播时间）。

至于表示以太假定的高弹性的力线的条件，必须满足瞬时响应。这里的问题似乎是，在已知的辐射力的传播时间后，这些力线的反应是否足够迟缓，使它们与以太等效。

假设以太弥漫在所有的物体和空间中：现行的观点是原子中心的力量弥漫于（和形成）所有的物体，也穿透所有的空间。就空间而言，两者的区别在于，以太呈现出作用中心的连续部分，目前的假设仅呈现出作用线；就物质而言，不同之处在于，以太位于粒子之间，因而传递振动；而就假设而言，振动通过粒子中心之间的力线而持续传递。至于两种视角下物质间的不同强度的作用，我想很难得出结论，因为当我们把普通物质看作最简单的状态，基本接近以太的条件，即罕有气体的状态，那么我们很快就会发现，它的弹性和粒子之间相互排斥违背作用力和距离的平方成反比的定律!

亲爱的菲利普斯，现在我该作个总结了。如果不是因为那天晚上在没有事先商量好、猝不及防的情况下，我不得不突然出现在另一个人的位置上替他做报告，我想这些想法还会在我的脑海里。既然我已经把它们写在纸上了，我觉得我应该把它们留得更久一些，以供研究、思索，也许最终它们最后会被推翻。我那天晚上的报告内容肯定会以这样或那样的方式流传出去，所以我在这封应你询问的回信中说明了这一点。有一件事是肯定的，任何关于辐射的假设观点，如果要令人满意，就不能再单独理解某些光现象，而必须包括热和光化影响的现象，甚至包括它们所产生的感热和化学能的结合现象。在这方面，一定程度上，关于物质的基本力的观点，也许和其他观点有部分交叉。我认为在前面几页中，我可能犯了很多错误，因为即使对我自己来说，在这些问题上的想法仅仅是一种推测，或者只是脑海里的印象，一段时间内作为我研究的指导思想。从事实验研究的人知道这些东西有多少，而且在真正的自然真理的进步和发展之前，它们表面上的适合性和美丽往往会消失。

是的，我亲爱的菲利普斯，

您真诚的，

M. 法拉第

1846年4月15日

发现者法拉第

约翰·丁达尔

在法拉第死后不久，约翰·丁达尔（他本人也是一位杰出的科学家，皇家学会法拉第的继任者）回忆了这位伟人的生平。同时代人的描述对理解法拉第其人特别有帮助。为什么大家对法拉第这么感兴趣呢？因为我们要理解光的历史的话，法拉第是关键人物。此外，丁达尔闲聊式的回忆让我们对一百五十年前人们对待科学的方式有了特别的好感。

我一直认为，为您和世界描绘一下迈克尔·法拉第作为科学研究者和发现者的形象是很有意义的。对我来说，要完成这个愿望是一项困难的工作，似乎也可以说是一项充满热情的工作。因为，无论我对这位大师的研究和发现多么熟悉，无论我对他的高尚品格和美好人生有多么了解，我仍然要把他和他的研究作为一个整体来把握——抓住引导他的思想，并把它们联系起来；深入了解他强大而活跃的解读世界奥秘的大脑——这可不是一件容易的事，因为我还有一些其他工作会分散我的注意力，所以这几乎是不可能的。如果不可避免，我自然会在某个时期和您谈论法拉第和他的工作，但我没想到会被要求这么快谈论。不过，我这里有一个简单的建议，即现在是我发表演讲的适当时机，我要立即开始工作了，我查阅了我所收集的材料，希望这些材料比我伟大的主题更有价值。

我不打算把法拉第的一生按照时间节点展示给您。我所要做的是让您对他为这个世界所做的事情有一点了解；我顺便谈谈他的工作精神，还会介绍一些他的个人特质，这些是完善这位哲学家的形象所必需的，尽管这还不足以让您对这个人有一个完整的了解。

您应该已经在报纸上看到，1791年9月22日迈克尔·法拉第出生于纽英顿的巴茨，1867年8月25日死于汉普顿宫。请和我一样，相信遗传学的普遍真理——我也是分享卡莱尔（Carlyle）先生的观点："一个真正有能力的人从来不会在愚蠢的父母那里成长"。我曾经有幸和法拉第先生亲密接触，我曾问他：他的父母是否有不同寻常的能力。他告诉我他什么也不记得了。他的父亲在晚年饱受苦难，所以我想其智力得不到体现。1804年，法拉第13岁，被送到曼彻斯特广场的布兰福德街当书商兼装订商的学徒。他在这里度过了八年时间，之后他又到其他地方做短工。

您可能也听过法拉第第一次接触皇家学会的事：学会的一名成员介绍法拉第去参加汉弗里·戴维爵士的最后几场讲座。在讲座中，法拉第认真做了笔记，把笔记写得清清楚楚，然后寄给戴维，同时表达了他想放弃厌恶的生意转而从事他热爱的科学的想法，恳请戴维接收他。我们不能忘记戴维对这位年轻人的帮助：他立刻写信给法拉第，让法拉第有机会做他的助手。加西奥（Gassiot）先生最近给我他关于这个时期的回忆：

萨里郡克来芬公园

1867年11月28日

我亲爱的丁达尔，

戴维爵士在去伦敦研究所的路上，常常在波特丽拜访已故的佩皮斯（Pepys）先生。佩皮斯是伦敦研究所最初的管理者之一。佩皮斯先生曾告诉我，有一次戴维爵士拿给他一封信，说：“佩皮斯，我该怎么办呢？我这儿有一封来自一个叫法拉第的年轻人的信。他一直来听我的讲座，想让我给他在皇家学会安排点儿事做——我该怎么办呢？”“做什么呢？”佩皮斯答道，“让他去洗瓶子；如果他擅长做事，他会直接去做，如果他拒绝，那么他就什么都不会做了。”“不，不，”戴维答道，“我们得用比这更好的职位试试他。”结果就是——戴维雇他做拿周薪的实验助手。

戴维兼任化学教授和实验室主任，后来，他把化学教授让给了布兰德（Brande）教授，然而他坚持认为应该任命法拉第为实验室主任。法拉第告诉我，有了戴维的支持，他在实验室里有了一个明确的位置，并且他一直得到戴维的支持。我相信他后来会接替戴维任实验室主任的。

相信我，我亲爱的丁达尔，您真诚的，

加西奥

在法拉第成为戴维的助手后不久，我从他自己写的一封信中摘录了他在皇家学会做自我介绍的内容：

伦敦，1813年9月13日。

至于我自己，除了偶尔回来，我几乎整天都不在家，而且很可能很快就会完全不在家，但是这件事我将向您解释一下（其实没什么好说的，只是我母亲要求我说一下）。我以前是个书商和装订工，但现在成了哲学家，事情是这样的：

我做学徒的时候，为了消遣，学了一点儿化学和其他哲学，并有继续学习的迫切愿望。在一个不太友好的老板手下做了六个月的学徒后，我放弃了这个职业，我对汉弗里·戴维爵士的化学很感兴趣，在大不列颠皇家学会担任他的化学助手，也就是我现在的这个职位。在皇家学会，我经常观察大自然的现象，追寻自然秩序和运行机制。最近，汉弗里·戴维爵士向我提议，让我作为哲学助手陪同他游历欧洲和亚洲。如果我真能去的话，我估计是明年10月到年底期间出发。我可能会离家三年之久。但到目前为止，一切都还不确定。

以下是法拉第在马塞特夫人（Mrs. Marcet）去世之际写给他的朋友德拉里夫（De la Rive）的一封信。这封信的日期是1858年9月2日：

我亲爱的朋友，

你的每个话题我都非常感兴趣，因为马塞特夫人是我的好朋友，而且她一定是许多人的好朋友。1804年，我十三岁的时候进了一家书商兼装订商的店，在那里工作生活了八年，大部分时间是装订书。正是在下班后的几个小时里阅读那些书，我开启了我的人生哲学。

其中有两本书对我的帮助特别大，一本是《大英百科全书》，我从这本书中对电有了最初的认识；另一本是马塞特夫人的《化学对话》，它为我奠定了化学科学的基础。

不要以为我是一个思想非常深刻的人，或者认为我是一个早熟的人。我只是一个非常富有想象力的人，我会像相信百科全书一样轻易地相信《一千零一夜》。但事实对我很重要，也让我脱离了书商和装订工的职业。我可以相信事实，也会反复检验一个断言。因此，当我用能想到的方法，进行小实验来验证马塞特夫人书中的知识点时，我发现书中描述的是真实的事实，这让我可以理解它们。我觉得我已经掌握了化学知识的基础，有了深刻理解。从那以后，我对马塞特夫人无比崇敬：首先，她给我带来了极大的幸福和快乐；其次是因为她能够向年轻、未受过教育、善于探索的头脑传达那些涉及自然事物的无限知识领域的真理和原则。

你可以想象，当我认识马塞特夫人时，我是多么高兴。我常常回想往事，乐于把过去和现在联系起来：每次给她写感谢信时，我都会把她当作我的第一位老师，这种想法会一直伴随着我。

我甚至对你的父亲也有这样的感激之情。我可以说，他是第一个亲自到日内瓦的人，后来又通过信件鼓励和支持我。

十二三年前的一个晚上，我和法拉第先生一起从皇家学会离职，去贝克大街拜访我们的朋友格罗夫（Grove）。法拉第在门口挽起我的胳膊，热情和蔼地拉着我说："来吧，丁达尔，我现在给你看样东西，你会感兴趣的。"我们向北走去，经过巴比奇（Babbage）先生的房子时，想起了曾经在这里举行过一次著名的晚会。随后，我们到了布兰福德街，他四处张望了一会儿，在一家文具店前停了下来，然后走了进去。一走进这家商店，他似乎非常兴奋，迅速看了看里面的每一件东西。进门的左边是一扇门，他透过门看到一个小房间，前面有一扇窗户，面向布兰福德街。

他把我拉到他跟前，急切地说："丁达尔，瞧那儿，那是我曾工作的地方。我就在那个小角落里装订书籍。"这时，一个相貌端庄的女士站在柜台后面，他跟我说话的声音太小了，她听不见，于是他转身到柜台，借口去买了几张卡片。他问这位女士她的名字和她以前叫什么，女士也反问他以前的名字。"那可不行。"他假装不耐烦，幽默地说。我问："他以前叫什么？"里巴先生，"她回答道，然后仿佛突然想起来，立刻补充道，"先生，他是查尔斯·法拉第爵士的老板。"法拉第回答说："胡说八道！没有这样的人。"当我告诉她顾客的名字时，她高兴极了，并且跟我说，她一看见他在店里跑来跑去，她就觉得——虽然她不知道为什么——那一定是"查尔斯·法拉第爵士"。

论以太

威廉·汤姆森，拉格斯的开尔文男爵

在1884年的一次演讲中，汤姆森描述了以太的最终演化，这是在迈克尔逊最终证明以太不存在之前发表的演讲。“发光以太”（luminiferous ether）中的“发光”（luminiferous）仅仅是指“携带光”。

我穿过“发光以太”时，仿佛以太里什么都没有。但是，如果在钢铁或黄铜的介质中也存在这样频率的振动，那么相当于每一平方英寸的物质上就会产生数百万吨的振动作用。我们的空气中没有这样的力量。彗星在空气中会引起扰动，也许由于彗星在发光以太中运动而使它分裂。所以当我们解释电的本质时，我们用发光以太的运动来解释它。我们不能说发光以太是电。那么这种发光以太是什么呢？它是行星最容易从中穿过的东西。它渗透到我们的空气中，就我们的观测手段而言，在我们的空气和在星际空间中，以太的情况几乎是相同的。

空气对以太的扰动很小，你可以用气泵把空气压缩到原来密度的十万分之一，然后你让光透过它，也不会有什么影响。发光以太是一种弹性固体，我能给你的最相近的类比就是你看到的这个果冻，和光波最相近的类比是这种弹性果冻的运动。可以想象一下，

一个木质球漂浮在这个弹性的果冻中。看那里，当我用手上下振动这个小红球，或者快速让它绕着垂直的轴来回旋转——这就是跟发光以太振动最相似的表现形式。

（这时，他展示了一大碗透明的果冻，在靠近果冻中心的表面嵌着一个红色的木球。）

另一个例子是苏格兰鞋匠的蜡或勃艮第沥青，但我更了解苏格兰鞋匠的蜡。它比水重，完全符合我的要求。我取了一大块蜡，把它放在一个装满水的玻璃瓶里，在底部放上一些软木塞，在顶部放上子弹。它像我手里的特立尼达沥青或勃艮第沥青一样易碎——你可以看出它有多硬——但当它流动时，就像流体一样。鞋匠的蜡也会脆裂，但它是黏性的，会逐渐变形。

我们了解发光以太具有固体的刚性，并会逐渐变形。我们还不能判断它是否易碎以及形成裂缝，但我相信在电和彗星运动方面的发现，以及彗星发出的奇妙光芒，往往会显示出发光以太中的裂缝——显示出闪电、北极光和发光以太裂缝之间的对应关系。不要把这当作一种断言，这不过是一个模糊的科学梦，但是，你可以把发光以太的存在看作是科学事实。也就是说，我们有一种无处不在的介质，一种具有很大刚度的弹性固体——它的刚度与密度的比例极大，所以光在其中的振动具有我所提到的频率和波长。关于发光以太是否有引力的根本问题还没有得到解答。我们不知道发光以太是否能被引力吸引，它有时被认为不可测量，因为有人幻想它没有重量；我则称它为物质，它的刚性和弹性与果冻相同。

论新型射线

威廉·康拉德·伦琴

1895年伦琴给维尔茨堡物理和医学学会的论文的一部分，描述了X射线的发现。

在希托夫的真空管或者排气充分的克鲁克斯或勒纳德管中，有一个大的感应线圈在放电。用黑纸紧紧屏蔽包围着管子，然后，在一个完全黑暗的房间里，我们可以看到，当把一张一面覆盖着氰亚铂酸钡的纸放到管子的附近时，无论涂氰亚铂酸钡的一面还是另一面朝向管子，它都会发出明亮的荧光。在两米远的地方荧光依然可见。这就很容易证明荧光起源于真空管内。

因此，我们可以看到，某些光线能够穿透黑色硬纸板，而这种硬纸板对紫外线、阳光或弧光是极不透明的。因此，研究这种光线能穿透其他物体多远是很有意义的。很容易看出，不同的物体的透明度各不相同。例如，纸是非常透明的，当把荧光屏放在一本一千页的书后面时，荧光屏就会亮起来，而打印机的墨水就没有如此明显的穿透力。类似地，显示在两副卡片后面的荧光，其亮度并不会因减少一张卡片而有明显的减弱。所以，再次说明，薄薄的锡纸很难在屏幕上投下阴影，为了产生明显的效果，必须将几片锡纸叠加在一起。厚木块对于这种光仍然是透明的。2～3厘米厚的松木板只吸收很少的这种光。一块15毫米厚的铝片仍然可以让X射线（为了简短起见，我将其称为射线）通过，但会极大地减弱荧光。相似厚度的玻璃板减光程度也相似；然而，铅玻璃比不含铅的玻璃不透明度高得多。几厘米厚的硬橡胶是透明的。如果把手放在荧光屏前，阴影会清晰地显示骨骼，而周围组织的轮廓则很模糊。

有些液体包括水是非常透明的。氢气的渗透性并不比空气强多少。铜板、银板、铅板、金板和铂板也可以让射线透过，但需要这些金属板很薄。2毫米厚的铂可以让一些射线透过，银和铜的透过率更高一些。射线几乎是不可透过1.5毫米厚的铅。如果在一根20毫米方形木棒的一面涂上白色的铅，当它涂铅的一面旋转到与X射线平行时，会产生一个很小的投影，但如果射线不得不穿过涂铅的一面，则会产生一个很强的投影。金属的盐类，无论是固体的还是溶液的，对射线的反应跟金属本身相同。

通过以上实验，我们可以得出结论：物体的密度的变化影响其渗透性。至少在这一点上，物体的其他特性没有表现得如此明显。但是，仅仅是密度并不能决定透明度，有个实验证明了这一点。在实验中，用冰洲石、玻璃、铝和石英等厚度相似的板材作为屏幕。实验发现，冰洲石的透明度比其他物体要低得多，尽管它们的密度大致相同。我注意到冰洲石的荧光没有玻璃强。

物体厚度的增加会增强对光线的阻碍。印在由许多层锡纸叠加而成的感光板上的一幅画，就会像台阶一样，其厚度会呈现出有规律的增加。如果有合适的仪器，就可以进行光度测定。

…………

在这方面特别有趣的是，照相干版对X射线很敏感。实验中能够展示这种现象，以排除出错的危险。因此我证实了许多最初肉眼观察荧光屏的实验结果。在这里，X射线穿透木头或纸板的能力将会很有用。照相底片可以在不拆下暗盒的快门或其他保护壳的情况下曝光，因此不需要在黑暗中进行实验。很明显，未暴露的金属板不能放在真空管附近的盒子里。

现在看来，印在底片上的图像是X射线的直接作用，还是底片材料的荧光引起的次级结果，这一点值得怀疑。胶片可以像普通的干版一样得到印模。

我无法通过实验证明X射线会产生热效应。然而，可以假定会产生热效应，因为荧光现象表明X射线能够发生转变。同样可以肯定的是，打到物体上的X射线都不会离开物体本身。

眼睛的视网膜对这些射线不敏感，眼睛就算靠近实验装置也什么也看不见。从实验中可以清楚地看出，这并不是因为眼睛的部分结构缺乏渗透性。

…………

众所周知，勒纳德在对阴极射线的研究中发现，阴极射线属于以太，可以穿透所有物体。对于X射线，也可以这样说。

在他最近的工作中，勒纳德研究了各种物体对阴极射线的吸收系数，包括大气压下的空气。根据放电管中气体的排空程度，1厘米的吸收系数为4.10、3.40、3.10。从放电的性质判断，我所做的实验也在差不多相同的大气压下，但偶尔在更大或更小的大气压下实验过。我发现，使用韦伯光度计，荧光灯的强度变化与屏幕和放电管之间的距离几乎成反比。通过在100毫米和200毫米的距离上三组非常一致的观测得到这一结果。因此，空气对X射线的吸收要比对阴极射线少得多。这一结果与前面所述的结果完全一致，即在离真空管2米的地方仍然可以观察到荧光屏的荧光。一般来说，其他物体的行为和空气一样，它们对X射线比对阴极射线更透明。

另一个值得注意的区别是磁场的作用。即使在很强的磁场中，我也没有成功地观察到X射线有任何偏离。

阴极射线在磁场中偏离是其特有的特性之一，赫兹和勒纳德观察到，存在几种阴极射线，它们激发磷光的功率、吸收率和磁场对阴极射线的偏离程度不同，但在所有已做的实验中，都发现了一个明显的偏离，我认为这个偏离是阴极射线不容轻视的一个特点。

…………

那么可能会有人问，这些X射线究竟是什么？由于它们不是阴极射线，从它们激发荧光和化学作用的能力来看，人们可能会认为它们是由紫外线引起的。如果是这一观点，对应地就要考虑一系列重要因素。如果X射线确实是紫外线，那么这种光必须具有以下性质：

（a）它从空气进入水、二硫化碳、铝、岩盐、玻璃或锌时不会发生折射；

（b）它不能在上述物体的表面有规律地进行反射；

（c）它不能在任何普通的偏振介质中产生偏振；

（d）不同物体对这种光线的吸收率一定主要取决于它们的密度。

也就是说，这些紫外线一定与可见光、红外线以及迄今为止我们所知道的紫外线有很大的不同。

这些假设似乎不太可能，因此我不得不寻找另一种假设。

新的射线与普通光线之间似乎存在着某种关系，至少投影的形成、荧光的产生，以及化学作用点的产生都说明它们之间有关系。人们很早就知道，光除了横向振动之外，在以太中也可能存在纵向振动，而且根据一些物理学家的观点，纵向振动必须存在。可以肯定的是，它们的存在还没有被弄清楚，它们的性质也没有被实验证明。难道新的射线不应该归因于以太中的纵波吗?

我必须承认，在这个研究过程中，我已经越来越倾向于这种假设了，并大胆地提出了自己的观点，但我也很清楚，提出的假设还需要一个更加坚实的基础实验来验证。

延伸阅读

我推荐的这些书目带有一定的主观性，但可以拓展你对光的科学史的了解。[①]

詹姆斯·布利什（James Blish）——《奇异博士》（*Doctor Mirabilis*）。科幻小说作家詹姆斯·布利什创作了这部描写罗杰·培根生平的历史小说。这是一部精心杰作，它考究翔实，描绘了一幅13世纪美妙而复杂的学术生活画面。

奈杰尔·考尔德（Nigel Calder）——《爱因斯坦的宇宙》（*Einstein's Universe*）。简短而有效地介绍了相对论。

路易斯·坎贝尔（Lewis Campbell）、威廉·加内特（William Garnett）——《詹姆斯·克拉克·麦克斯韦的一生》（*The Life of James Clerk Maxwell*）。麦克斯韦的好朋友坎贝尔并没有对这位伟人的一生作出公正的评论，但在理解“光”这个主题中，他给了我们一个无与伦比的机会，去了解对光的科学产生最重要影响的人物。

布莱恩·克莱格——《首位真正的科学家》（*The First Scientist*）。罗杰·培根的传记，展示了培根的许多杰出作品的细节。

---

① 原书以下书目是按作者姓氏的字母顺序排列的。——译者注

布莱恩·克莱格——《上帝效应》（*The God Effect*）。详细描述了量子纠缠的背景和它所带来的非凡应用。

布莱恩·克莱格——《停止时间之人》（*The Man Who Stopped Time*）。埃德沃德·迈布里奇的科学传记，重点描述了定格运动摄影的科学和他的一生。

布莱恩·克莱格——《量子时代》（*The Quantum Age*）。谈论量子理论及其应用如何影响我们的生活，详细描述了激光的发展。

罗莎莉·戴维（Rosalie David）——《太阳崇拜》（*Cult of the Sun*）。深入了解古埃及太阳崇拜背景知识的手册。

狄其邦（R. W. Ditchburn）——《光》（*Light*）。一本深入探索光的物理学的优秀教科书。非常具有技术性，不适合胆小的人阅读。

莱昂哈德·欧拉——《致德国公主的信》（*Letters of Euler to a German Princess*）。18世纪后期，亨利·亨特把这些信件翻译成英文，它们反映了那个时代的科学家对待科学的缩影。亨特在不同意欧拉的观点的地方标注了他自己的评论，显得特别有趣。

理查德·费曼——《QED：光和物质的奇妙理论》（*QED–The Strange Theory of Light and Matter.*）。爱因斯坦之后最伟大的物理学家对量子电动力学奇妙世界的半通俗解释。

理查德·费曼——《别逗了，费曼先生》（*Surely You're Joking Mr Feynman!*）。理查德·费曼不仅是一位伟大的物理学家，还是一位出色的故事讲述者。这本关于他生平逸事的集子是他给同事拉尔夫·莱顿（Ralph Leighton）讲述的故事，读起来很有趣。

詹姆斯·格雷克（James Gleick）——《天才》（*Genius*）。本

书试图很好地理解理查德·费曼的精髓，虽然描写费曼天才的一面不是很成功，但很好地呈现了费曼这个人。

詹姆斯·格雷克——《牛顿传》（*Isaac Newton*）。在呈现牛顿这个人时，不如迈克尔·怀特的《最后的炼金术士：牛顿传》（见后），但通过本书可以很好地了解牛顿对物理学的贡献和他作为皇家造币厂厂长的工作。

约翰·格里宾，玛丽·格里宾（John and Mary Gribbin）——《科学人生：费曼传》（*Richard Feynman, A Life in Science*）。在20世纪物理学的背景下，本书对费曼的生活和工作进行了很有价值的介绍。

哈曼（P. M. Harman）——《麦克斯韦的自然哲学》（*The Natural Philosophy of James Clerk Maxwell*）。一本详细介绍麦克斯韦理论及其发展方式的书。有时读起来很难，但很有价值。

尼克·赫伯特（Nick Herbert）——《超越光速》（*Faster than Light*）。本书检查物理学中超光速的漏洞。比雷蒙德·焦和尼姆茨更早进行超光速实验，但展示了多种不成功的方案，深入研究了EPR佯谬，为超光速信号的工作奠定了基础。读起来偶尔会有点晦涩，但大体上可读。

沃尔特·艾萨克森（Walter Isaacson）——《爱因斯坦：生活和宇宙》（*Einstein: His Life and Universe*）。本书可能是描述爱因斯坦的一生的最好作品。技术性不是很强，但也基本涵盖了他的科学工作。

帕特里克·摩尔（Patrick Moore）——《宇宙之眼》（*Eyes of the Universe*）。著名的业余天文学家帕特里克·摩尔的一次典型的个人之旅，介绍了望远镜的历史——从最早的望远镜到20世纪90年代后期的望远镜。为纪念他的电视节目《夜空》（*Sky at Night*）开播40周年而发行。

艾萨克·牛顿爵士——《光学》（*Opticks*）。牛顿的这部经典著作在20世纪50年代再版，具有令人惊讶的可读性，部分原因在于，在牛顿之前，现代科学著作通常使用被动语句（如“……被观测到”）。

萨布拉（A. I. Sabra）——《从笛卡儿到牛顿的光理论》（*Theories of Light from Descartes to Newton*）。明确阐述了我们对光的理解发生变化的重要时刻。重点阐述了笛卡儿、惠更斯和牛顿的科学方法。本书基于作者的博士论文改写，读起来有点枯燥。

迈克尔·索贝尔（Michael Sobel）——《光》（*Light*）。本书对光及其工作原理进行很好的技术描述。

迈克尔·怀特（Michael White）——《最后的炼金术士：牛顿传》（*Isaac Newton, The Last Sorcerer*）。一本引人入胜的牛顿传记，深入挖掘了牛顿的传奇一生。

塞缪尔·威廉姆森（Samuel Williamson）、赫尔曼·康明斯（Herman Cummins）——《自然与艺术中的光与色》（*Light and Color in Nature and Art*）。光对自然和艺术的影响的学术之旅。很好地描述了光科学对自然发展和艺术阐释的影响。

亚瑟·扎伊翁茨（Arthur Zajonc）——《捉光》（*Catching the Light*）。光与心灵的交汇，一段有趣的探索之旅。

致谢

感谢所有帮助本书出版的人，包括我的前经纪人彼得·考克斯（Peter Cox）、萨拉·阿卜杜拉（Sara Abdulla）和邓肯·希思（Duncan Heath）。

特别感谢爱德华·H. 阿德尔森（Edward H. Adelson）教授允许我转载他绚丽的光学幻觉图，还要感谢冈特·尼姆茨（Günter Nimtz）教授对手稿投入了大量精力，并给了我许多有益的建议。衷心感谢那些耐心提供信息和帮助的人。如果把他们都列出来会很无聊，但他们知道我说的是谁。